李慶豐 著

# 商業模式與策略共舞

— 從創立期到轉型期，讓企業跨越生命週期，實現可持續營利 —

## 雙 T 連線模型 × 三端定位 × 五力分析 × 核心競爭力

◎ 創立期產品組合如何定位？　　◎ 成長期如何持續創造顧客？

◎ 擴張期如何形成核心競爭力？　◎ 轉型期如何開闢第二曲線？

從波特的競爭策略到 T 型商業模式的深度剖析

一本深入探討商業策略與模式結合的實用指南

# 目錄

目錄

# 第 2 章
# 創立期：產品組合如何定位？

# 第 3 章
# 成長期：如何持續創造顧客？

目錄

# 後記

# 序言
## 商業模式與策略共舞，將會繁衍出哪些創新？

　　這本書的書名為《商業模式與策略共舞》，讓窈窕淑女與狂野硬漢在一起跳舞，將競爭與合作統一起來，將會繁衍出哪些創新？

　　在企業創立期，有「定位定天下」之說。拿穿衣服扣釦子來比喻，扣好第一個釦子就是定位。如果第一個釦子扣錯了，後面下的功夫都是白費。創業或新產品開發失敗率這麼高，主要原因是產品定位有問題，所以商業模式定位很重要。

　　T 型商業模式定位的核心內容之一是三端定位模型。本書第 2 章對此模型進行了詳細的闡述，列舉了吉列（Gillette）、Nike、邏輯思維和 MINISO 四個公司實例，它們符合三端定位，因而能有階段性或持續性的成長；也指出晶片研製、「互聯網＋咖啡」、網路買菜等諸如此類的商業模式不易符合三端定位的條件，所以失敗率會比較高。

　　不能說誰的「聲音」大，誰就是定位理論的代表。如果三端定位模型代表一棵大樹的話，那麼像波特競爭策略（Porter's Generic Strategies）、藍海策略（Blue Ocean Strategy）、平臺策略、品牌策略、熱門商品策略、STP 理論（意指：市場區隔、選擇目標市場、定位三者）等，都分別只是其中的一個要點。歸根究柢，它們都在討論產品如何定位——並且是更細緻的產品定位，所以，它們只是商業模式定位的一個個分支。

　　在成長期，實施成長策略就要持續創造顧客。如何持續創造顧客？

老一代管理學家伊戈爾‧安索夫（Igor Ansoff）、彼得‧杜拉克（Peter Drucker）、約瑟夫‧熊彼得（Joseph Schumpeter）等，都陸陸續續給出一些提示或線索。商業模式這位窈窕淑女希望按圖索驥，尋找那個創造顧客的模型，而策略這個狂野硬漢，像是被資本那幫人注射激素，不耐煩地說：「再補貼，再補貼，再補貼！」當風停了的時候，資本補貼也斷了，風口上的豬紛紛掉了下來。

　　第3章闡述了T型商業模式中，那個能夠持續創造顧客的飛輪行銷（Flywheel）模式。這裡用來比喻的飛輪是一個機械裝置，啟動時花費一點力氣，旋轉起來後省力許多，並且越轉越快。飛輪成長模型中蘊藏著實現創造模式、行銷模式、資本模式的第一性原理（First principles thinking），並有借能、儲能、賦能等生生不息的能量循環以保證成長飛輪的動力充沛……本章還介紹了五力分析（Porter Five Forces），它是推動飛輪的能量來源，同時以「五力合作」消解「五力競爭」，正如「廣交朋友，減少敵人」。

　　在擴張期，促進商業模式不斷進化，需要企業具備核心競爭力。1990年時，普哈拉（C.K. Prahalad）與蓋瑞‧哈默爾（Gary Hamel）兩位學者只是給出關於核心競爭力的三個檢驗標準，從此，能力學派（Capacity School）在眾多學派中異軍突起，發展的氣勢一度壓過了哈佛大學教授麥可‧波特（Michael Porter）所代表的定位學派（Positioning School）。按照本書的闡述，能力學派與定位學派都屬於商業模式體系，兩者互相爭鬥，等於是自己人打自己人。

　　三十年來，大家都喜歡談論核心競爭力，但是核心競爭力究竟如何構成，如何形成？全世界的學者持續研究了三十年，至今沒有一個令人信服的答案。從T型商業模式的角度，筆者在第4章提出的SPO核心競

爭力模型，試圖詮釋企業核心競爭力的構成要素，並闡述了核心競爭力的建構方法和形成過程。這麼困難的問題，就這樣一瞬間有了答案？也許他山之石，可以攻玉；也許筆者只能給出一個近似的模型或者只是一個新的線索……

基於企業核心競爭力的 T 型同構進化模型，是本書的另一個創新模型。它給我們的啟示是，企業的根基產品組合猶如一棵大樹的樹幹，樹幹越強壯，上面的樹冠（進化、衍生產品）才會豐滿茂盛。

在轉型期，流行的說法是找到第二曲線（The Second Curve）的業務，讓企業跨過非連續性創新（discontinuous innovation）。第二曲線與第一曲線之間，有一個巨人的鴻溝，大部分企業跨越不過去。策略這個狂野硬漢又拾人牙慧地展現企業轉型的三大方式：破壞性創新（disruptive innovation）、二次創業、內部孵化。實際上，破壞性創新的機會極其稀少。二次創業及內部孵化就有辦法嗎？如果缺乏理論指導，失敗率依舊非常高！商業模式這位窈窕淑女給出的建議是「需要有一個可以指導實踐的模型及相關原則、步驟」。除了簡單說明第二曲線及非連續性創新，本書第 5 章將重點放在雙 T 連線轉型模型及其三項原則、五個步驟。

近年來，摩爾定律（Moore's law）似乎失效了，行動網路搶占了「PC 時代」的地盤，那又怎麼樣？2018 年英特爾（Intel Corporation）全球營收達到 708 億美元，再創歷史新高，坐穩該領域全球第一的位置。30 年間，英特爾歷經兩次成功轉型，為何能超越國際商業機器公司（IBM）而讓「大象兩次跳舞」？Google 的神祕部門 Google X 屢次為企業成功開創第二曲線，成功的密碼是什麼？為什麼說鼎盛時期的 Nokia 應該在美國矽谷設立一個智慧型手機海外部門？如何讓企業轉型與二代接班接軌合作？筆者提出的雙 T 連線轉型模型給出一些初步解答或建議。

　　以上從企業創立期，到成長期、擴張期、轉型期，是筆者重新劃定的獨角獸企業生命週期。如果在轉型期成功開啟第二業務成長曲線，企業就可以進入下一個生命週期循環。成為獨角獸企業，希望基業長青，應該有更多的生命週期循環。

　　在《第五項修練》（*The Fifth Discipline*）一書中，彼得‧聖吉（Peter M. Senge）認為，有偉大願景的組織，其成員要學會系統思考。但是，巧婦難為無米之炊，應該先有一個企業系統，我們才能進行系統思考。以上闡述的企業生命週期四個階段及其相關理論模型，讓商業模式與策略共舞，可以看作是時間維度的系統思考框架。

　　企業空間維度上的系統思考模型，在本書第 6 章簡要闡述，叫作慶豐營利系統（也稱為「企業營利系統」）── 毛遂自薦，是以作者的名字命名的。慶豐營利系統類似一個「人＋車＋路」系統，經管團隊好比是司機、商業模式好比是車輛、策略路徑好比是行車路線……現在流行講第一性原理、頂層設計、思維模型。慶豐營利系統就是經營企業的第一性原理，也是頂層設計的思維模型。

　　彼得‧杜拉克（Peter F. Drucker）說：「企業存在的唯一目的就是創造顧客。」如果企業能夠持續創造顧客，那麼實現營利或者說「賺到錢」，就是或早或晚的事。商業模式「負責」一個企業的營利，所以它是慶豐營利系統的中心。現在，我們非常重視一個企業的商業模式，並可以將企業稱為「商業模式中心型組織」。策略以商業模式為「基底」── 基於本書中提出的 T 型商業模式及若干理論模型，為企業的進化與發展規劃出一條可行路徑，經營管理團隊驅動商業模式，沿著策略路徑前進，實現企業目標和願景。除此之外，打造一個商業模式中心型組織，建構企業營利系統，還需要討論管理體系、企業文化、資源平

臺、技術水準、創新變革等系統因素。筆者寫作的下一本書,將會重點討論企業營利系統的相關實踐與理論,即如何建構一個商業模式中心型組織。

個人可以看成是一個人經營的公司,因此,可以將我們的職業看成是自己的商業模式。闡述企業商業模式時,我們會給出一些優秀企業的案例。同理,本書第 7 章闡述個體或職業者的商業模式,優秀職業人士的相關職業發展或轉型實例。

借鑑以上企業生命週期理論及其十個重點模型,可以將我們的職業生涯分為職業選擇、職業成長、職業躍遷、職業轉型四個階段,第 7 章也給出了職業生涯各階段共七個參照模型與工具,見下圖。有了這些模型與工具的協助,大家再去領會其他勵志類暢銷書所提出的口號,積極地自我建構成為職場中的成功人士,也許就會有事半功倍的成效。

綜上,本書的實用性創新理論和模型很多。作者寫出這本書,如同開發了一個新產品,希望這些創新理論及模型能夠為讀者帶來實際價值;也希望它們代表國際先進水準,能傳播到世界各地;還希望讀者多提出批判性建議,集思廣益才能有更好的創新。

本書的第 1 章有哪些內容呢?這本書叫作《商業模式與策略共舞》,讓窈窕淑女與狂野硬漢一起跳舞,需要一個前奏,需要一段自我介紹,需要一個舞蹈起式……第 1 章就安排了這些內容。

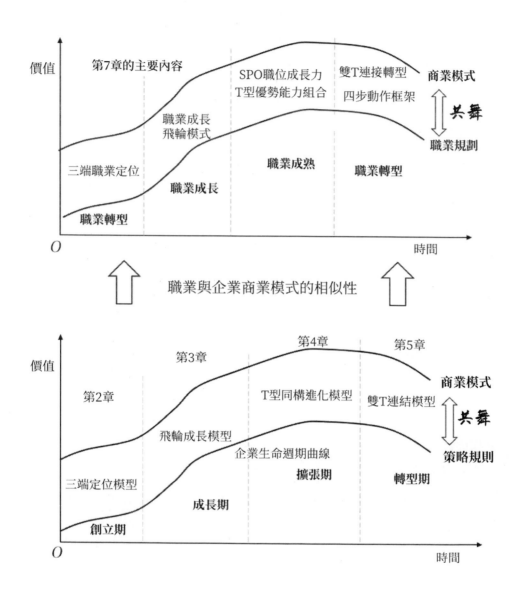

職業與企業商業模式的相似性

# 第1章

## 商業模式：我自策略中來！

### 本章導讀

　　哪些策略學派的內容首先要轉移過來呢？哈佛商學院教授麥可·波特是定位學派的翹楚，他的三大法寶——三種競爭策略、五力分析模型和價值鏈（Value Chain），屬於商業模式定位或組成要素的基礎性內容。除此之外，我們還要與亨利·亨利·明茲伯格（Henry Mintzberg）、彼得·杜拉克（Peter F. Drucker）、艾爾弗雷德·D·錢德勒（Alfred D. Chandler Jr.）、伊戈爾·安索夫（Igor Ansoff）、約瑟夫·熊彼得（Joseph Schumpeter）、菲利普·科特勒（Philip Kotler）、傑克·屈特（Jack Trout）等國際知名策略、管理或行銷專家「理論」一下，他們的理論究竟與商業模式有什麼關係？

　　商業模式好比是車輛，策略規劃好比是道路，車輛在道路上行駛，商業模式與策略共舞，從而讓更多的企業成長為「獨角獸」！

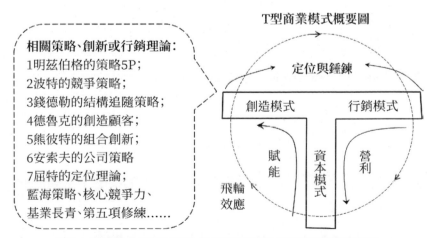

T型商業模式概要圖

相關策略、創新或行銷理論：
1明茲伯格的策略5P；
2波特的競爭策略；
3錢德勒的結構追隨策略；
4德魯克的創造顧客；
5熊彼特的組合創新；
6安索夫的公司策略
7屈特的定位理論；
藍海策略、核心競爭力、基業長青、第五項修練……

定位與錘鍊

創造模式　　行銷模式

賦能　　資本模式　　營利

飛輪效應

【第1章重點內容提示圖】與T型商業模式有密切連繫的理論

# 1.1

## 麥可・波特的競爭策略如何更新？

**重點提示**

※ 為什麼說商業模式比策略的歷史更悠久？

※ 策略理論與企業實踐脫節的原因有哪些？

※ 可以說麥可・波特是商業模式理論的鼻祖嗎？

迄今，商業模式與策略好似在兩條航道上，它們之間的連繫和區別一直沒有說清楚。在 20 世紀接近尾聲時，才有學者提出商業模式這個名詞，在那之後，各種商業模式說辭就開始滿天飛了。

2005 年前後，出現了一批以物易物的網路創業專案，這類商業模式也受到了風險投資的關注。當時流傳過這樣一個「財富」故事，加拿大男青年麥克唐納用一枚紅色別針，透過網路不斷以物易物，最終換回一套漂亮的雙層別墅（實際上是一年使用權）！

以物易物這個商業模式，在 7,000 年前的仰韶文化時期就有了。3,000 多年前古希臘的《荷馬史詩》（*Homeric Epics*）曾記載當時的以物易物：1 個女奴換 4 頭公牛，1 個銅製的三角架換 12 頭公牛。

實質重於形式，原始社會時商業模式就存在。實際上，有商品交易就有商業模式。

為什麼進入 21 世紀後，商業模式才被創業者、投資人、企業家等頻

頻捷到並備受重視？因為 2000 年左右才開始流行商業模式這個概念，至今還沒有一套被普遍認可的理論學說。

人類社會有了大規模戰爭後，逐漸形成了策略理論，而原始社會時商業模式就存在，所以商業模式比策略的歷史要悠久。令人驚詫的是，策略理論源遠流長，為什麼商業模式被冷凍了這麼多年？其實，一直以來，商業模式被包含在策略理論之中了。

1987 年，加拿大管理學家亨利·明茲伯格提出了策略 5P，即策略包括五個方面的內容：策略是一項計劃（Plan）、一種對策（Ploy）、一種定位（Position）、一種模式（Pattern）、一種觀念（Perspective）。現在看來，筆者認為這個 5P 中的 2P —— 定位、模式，應該屬於商業模式的主要內容。

定位當然是對產品的定位，與時俱進地說，是對產品組合的定位。杜拉克說：當今企業之間的競爭，不是產品之間的競爭，而是商業模式之間的競爭！商業模式的核心內容是產品組合。也就是，過去是產品之間的競爭，當然策略定位也是研究產品如何定位，例如：波特的三大競爭策略、金偉燦（W. Chan Kim）和芮妮·莫伯尼（Renée Mauborgne）的藍海策略、傑克·屈特及艾爾·賴茲（Al Ries）的定位理論等。**現在是產品組合之間的競爭，商業模式重點研究如何對產品組合進行定位。產品組合主要是指將兩個以上的產品組合起來，並實現差異性及形成營利機制**，例如：吉列的刀片與刀架組合、斯沃琪（Swatch）的產品金字塔組合、**邏輯思維的免費與收費組合**等。本書第 2 章，將會進一步闡述諸多策略定位應該讓渡給商業模式，轉化為商業模式的定位。

在策略 5P 及其他相關策略理論中，對模式的表述一直是含糊其辭及模糊不清的，這也是策略理論長期處於混沌狀態的一個表現。例如：成長策略就要基於一個模式讓組織成長，否則策略便成了有經驗者依賴的

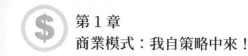

策略、投機者尋租的策略或藝術家隨心所欲的策略。因為沒有模式，所以策略失誤就非常多。組織成長就是在一定時間內創造更多顧客。如何創造顧客，有一個模式嗎？按照杜拉克的說法，創造顧客依靠行銷和創新。需要補充的是，資本可以推動創新和行銷，當今時代資本對創造顧客功不可沒。基於此，本書重點介紹了筆者提出的 T 型商業模式，它主要包括創造模式、行銷模式和資本模式三個部分。我們將模式初步釐清了，但是它已經不再屬於策略了。

亨利·明茲伯格提出了策略 5P，我們把它分為兩個部分：模式與定位（2P）不要冷凍在策略理論中了，回歸到商業模式的懷抱；剩餘的計劃、對策、觀念（3P），繼續留在策略理論中。

原來的策略 5P 被抽成了商業模式 2P 和策略 3P 兩大部分，必然商業模式與策略之間有明顯的區別，也有緊密的連結。在企業生命週期座標系中，可以簡單直觀地示意兩者的關係，見圖 1-1-1。在企業創立及後續階段性變革的重要時間點，企業都要調整定位和模式。定位與模式屬於商業模式，應該看成一個重要時間點，並以橫截面表示。計劃、對策、觀念（3P）給出企業從現在走向未來的途徑，屬於一個區間，主要指時間維度上的策略規劃。**商業模式好比是車輛，策略規劃好比是道路，車輛在道路上行駛，商業模式與策略共舞！**

策略的「管轄」範圍很廣泛，有公司策略、競爭策略、職能策略、人才策略、創新策略等，無所不包。當然也有商業模式策略。將今天的商業模式推演、規劃到若干年以後的商業模式，就是商業模式策略。

策略 5P 被減掉了 2P，未必不是好事。亨利·明茲伯格在 1998 年出版的書籍《策略歷程：縱覽策略管理學派》（*Strategy Safari: A Guided Tour Through the Wilds of Strategic Management*）中引用了這樣一則寓言故事：

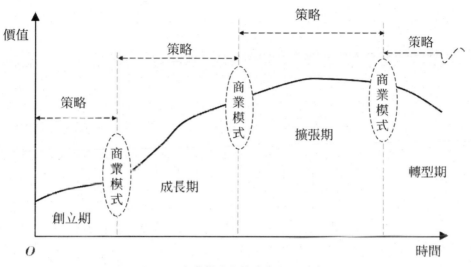

圖 1-1-1 商業模式與策略的關係示意圖

　　那是六個印度人，他們非常好學。儘管他們都是盲人，但是他們都透過觸摸來滿足看事物的心願。

　　第一個接近大象的盲人，碰巧撞上了大象寬闊結實的身體，馬上叫道：「上帝保佑，原來大象就像一面牆。」第二個盲人碰到了象牙，他喊道：「哇！我們在這裡碰到的是什麼呀！又圓又滑又尖！這很明顯，大象很像一知矛！」第三個盲人碰巧將扭動著的大象鼻子抓在手中，因而就大膽地說道：「我看，大象非常像一條蛇！」第四個盲人急切地伸出了雙手，摸到了大象的膝蓋，「這頭奇異的野獸是像什麼已經很清楚了，」他說，「大象就像一棵樹！」第五個盲人偶然碰到了大象的耳朵，說：「甚至最瞎的人也能說出它最像什麼。誰能否認這個事實，這隻奇怪的大象，就像一把扇子！」第六個盲人一開始摸這隻大象，就抓住了大象擺動著的尾巴，他說：「大象就像一條繩子！」

　　於是這六個印度人，大聲地爭論個不停。他們每個人的觀點，都出奇地僵化。儘管他們每個人都部分正確，但他們都是錯誤的！

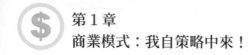
然後，書中接著說：

我們對企業策略的認識就如同盲人摸象，每個人都抓住了策略形成的某一方面：設計學派認為，策略是設計；計劃學派認為，策略是計劃；定位學派認為，策略是定位；企業家學派認為，策略是看法；認識學派認為，策略是認識；學習學派認為，策略是學習；權力學派認為，策略是權力協商；文化學派認為，策略是集體思維；環境學派認為，策略是環境適應。這些認識對不對呢？從每個學派的領域來看，這些認識都是對的。正如大象的身體、牙齒、鼻子、膝蓋、耳朵、尾巴都是不可缺少的一樣，所有這些學派所考慮的問題對於企業策略都是不可缺少的。但是，所有這些學派都不是企業策略的整體，於是，出現了結構學派。結構學派提供了一種調和的可能，將其他學派結合起來。

那時候，算上亨利·明茲伯格所代表的結構學派，策略就有 10 大學派。結構學派是將組織與環境看成一個結構，研究它們在企業生命週期各個階段的對應策略。現在看來，結構學派也有歷史局限性。現代企業，策略應該與商業模式共舞，在企業生命週期的各個階段，尋求可持續營利的進化與發展。

21 世紀之前，策略就有 10 大流派。進入 21 世紀，隨著管理諮詢及 MBA（工商管理碩士，Master of Business Administration）教育的興起，從事策略研究的學者數量增加了很多。出於不同的訴求或需要，不少策略學者都會寫若干本策略專著，遂又增加了諸多策略學派或理論。這些策略專著大體選擇這樣的研究策略：①組合創新 —— 將之前的策略內容重新組合，附加一些新案例或流行名詞；②為策略增重 —— 從組織、人才、文化、創新……挑選一個或一些模組包裝整合，與策略混雜後美其名曰「××策略」，讓策略這匹「老馬」馱上，以區別於經典策略理論；

③讓策略有地域特色或民族特色；④其他。

策略變得更混沌了！一些管理學教育培訓機構還是比較清醒，學者們可以開放式研究，但是課堂上還是學習 30 年前的經典策略理論。

策略學家教導別人要策略聚焦，而策略本身變得更混沌了！所以只有捨九取一，才能指導企業的經營實踐。亨利·明茲伯格的策略 5P 是對繁雜策略學說的第一次收斂簡化。筆者從策略 5P 中裁掉 2P，是對策略學說的第二次簡化。第三次簡化該怎麼做呢？將策略 3P 即策略是一項計劃、一種對策、一種觀念，進一步簡化為 1P，即策略是一項計劃。為了與管理學中的計畫職能有所區分，我們將策略中的計畫稱為策略規劃。另外 2P，即對策與觀念，同樣也包含在策略規劃中，本質上屬於策略規劃與實施的一部分。

將策略稍加安頓，再來說商業模式，從策略 5P 拿來 2P（模式、定位）後，哪些策略學派的內容也要隨之轉移過來呢？**哈佛商學院教授麥可·波特是定位學派的翹楚，他的三大法寶 —— 三種競爭策略、五力分析模型和價值鏈，屬於商業模式組成要素或評價工具的基礎性內容。**波特的三大法寶與 T 型商業模式（詳見 1.3 節的闡述）的關係，見圖 1-1-2。

三種競爭策略是指總成本領先策略、差異化策略和集中化策略。1920 年代，美國福特汽車公司（Ford Motor Company）生產的 T 型車（Ford Model T），就採用了總成本領先策略。那時老福特先生利用產業鏈一體化模式製造汽車，T 型車實現了總成本領先，260 美元就可以買一輛，總銷量超過 1500 萬輛。海底撈採用差異化策略，透過多元服務對火鍋餐飲進行差異化定位，在激烈競爭中取得了令人矚目的業績。集中化策略是指產品為某一特定顧客群體服務，例如：盲人專用手機。以上這三個例子：福特 T 型車、海底撈特色火鍋、盲人專用手機，從傳統策略

視角看，它們分別代表了三大競爭策略。但是，從商業模式的視角看，它們都是讓產品與眾不同，避開同質化競爭，實現差別化定位，然後由成功的產品定位而晉級為一種有競爭優勢的商業模式。本來就如此，落實到具體產品的市場定位上，波特的三種競爭策略才有實踐意義。因此，三種競爭策略屬於商業模式中產品定位的具體理論工具。三種競爭策略出自 1980 年出版的麥可·波特所著《競爭策略》（*Competitive Strategy*）一書。迄今 40 年過去了，從那時的產品競爭時代到現在的商業模式競爭時代，商業世界發生了翻天覆地的變革與進化。除了三種競爭策略，產品及產品組合的定位理論也在不斷推陳出新，十分豐富精彩！

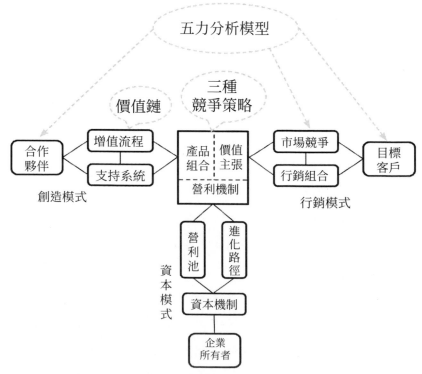

圖 1-1-2 波特的三大法寶與 T 型商業模式關係示意圖

　　五力分析模型主要用來評判產品在產業結構中是否具有競爭優勢，是從三種競爭策略中選擇其一從而進行產品定位時的重要評判工具之一。同樣，五力分析模型可以用於商業模式的產品組合定位，作為評判所在產業結構中競爭力量的主要工具。另外，五力分析模型中的顧客、供應商都是商業模式中不可或缺的交易主體，三類競爭者都是商業模式中的重要利益相關者。

　　價值鏈是商業模式的重要構成要素。在 T 型商業模式中，創造模式的增值流程與價值鏈的核心內容近似一致。在其他學者提出的商業模式理論中，有的以價值鏈理論為基礎，有的將價值鏈作為重要的構成部分。

　　根據筆者提出的慶豐營利系統（詳見第 6 章），將商業模式從策略中分離出來後，便與經營管理團隊（以下簡稱「經管團隊」）、策略路徑共同構成企業頂層設計的「三劍客」。它們之間的關係可以表述為：順向看，經管團隊驅動商業模式，沿著策略路徑發展與進化，實現各階段策略目標，最終達成企業願景。逆向看，企業將外部環境的機遇或挑戰，透過策略路徑，促進商業模式的改善或創新，最終提升經管團隊的素養和能力。慶豐營利系統示意圖見圖 1-1-3。

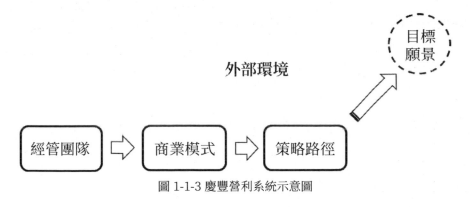

圖 1-1-3 慶豐營利系統示意圖

## 1.2

# 錢德勒的「策略決定結構」應該更新了！

**重點提示**

※「策略決定結構」的適用條件是什麼？

※ 為什麼說海爾（Haier）的「人單合一」變革有失偏頗？

※ 為什麼蘋果公司（Apple Inc.）持續營利頗豐而組織結構改革較少？

商業模式從策略中分離出來後，形成了由經管團隊、商業模式、策略路徑三者構成的企業頂層設計新正規化。有人可能會問，錢德勒說過「結構跟隨策略」，轉換一下也可以說「策略決定結構」，理論界、企業界一直使用這個頂層設計正規化，怎麼能隨便推翻大師的教誨呢？

美國著名企業史學家錢德勒在 1962 年出版的《策略與結構》（*Strategy and Structure*）一書中提出「結構跟隨策略」命題，即企業擴張策略必須有相應的組織結構變化相跟隨。的確，錢德勒的命題長期對企業界、學界發揮著重要指導作用。

當然，這裡的結構是指組織結構，例如：直線職能制結構、矩陣式結構、事業部制結構。因此，「結構跟隨策略」也可以說成「組織結構追隨策略（Structure follows Strategy）」，不僅錢德勒這麼說，公司策略開創性人物安索夫博士也是這麼認為的。在 1979 年出版的《策略管理》（*Strategic Management*）一書中，安索夫說，策略行為是一個組織對其環

境的交互作用過程，以及由此而引起的組織內部結構變化的過程。

　　1985 年，張瑞敏砸冰箱，是海爾發展史的一個代表性事件。那時，電冰箱是很稀少的商品，有品質問題是常態，即使有缺陷也不難賣。那時，電冰箱還是奢侈品，一臺售價相當於一個工人兩年的薪資。張瑞敏為什麼要砸冰箱？實質上是為了解決不盡如人意的產品品質問題，逆轉而成了一個聳動的免費廣告，也塑造了海爾的品牌和核心價值觀。那時，提升產品品質、合格率確實是一個事關企業生死存活的策略問題。那時，解決這個策略問題，關鍵在提升員工的責任感，將組織結構調整為「以品質為中心」，做好組織管理工作是重中之重。

　　策略有時意味著放棄，它往往不會讓你失去太多的東西。一口氣砸了 76 臺有缺陷的冰箱後，張瑞敏告訴大家：有缺陷的產品就是廢品。員工們的內心被張瑞敏嚴抓品質的決心給震撼了，從此海爾的組織管理工作率先有了質的飛躍。因此，海爾開始蓬勃發展，產品推陳出新，且市場規模快速擴張。結構追隨策略，海爾從直線職能制、事業部制逐漸變革到跨國集團管控。策略決定組織，現在的海爾已經是國際知名的家電集團，在「2023 世界品牌 500 強」中排在第 35 位。

　　進入商業模式致勝的時代，這些年張瑞敏利用砸冰箱事件 —— 執行人單合一，讓人人成為執行長（CEO）。為什麼要砸冰箱？結構追隨策略。按照海爾的官方解答：為順應網路時代「零距離」和「去中心化（decentralization）」、「去中介化（disintermediation）」的環境趨勢，讓傳統組織結構有顛覆性變革，最終實現以企業平臺化、員工創客化、使用者客製化為特徵的「人單合一」經營管理模式。

　　人單合一是可以達成的嗎？要讓員工成為自己的 CEO，說說可以，實施起來難度極大，還有可能要挑戰一些管理學原理或經濟學理論 ——

第 1 章
商業模式：我自策略中來！

它們有些可以挑戰，有些暫時挑戰不了。圍繞產品組合重構商業模式，是當今海爾應該面對的重要策略工作，而結構追隨策略，執行人單合一，有所偏頗嗎？

結構追隨策略，是傳統的正規化。1960 年代之前，錢德勒跟隨研究了美國杜邦（DuPont）、通用汽車（General Motors）、標準石油（Standard Oil）和西爾斯 · 羅巴克公司（Sears, Roebuck and Company）四家公司的海外擴張和多元化策略的實施過程。他發現這些公司的策略改變後，組織結構也隨之改變，例如，從直線職能制更新為事業部制，確保了策略和組織的一致和協調。但是，進入 21 世紀，風險資本洶湧，技術進步加速，從網路到行動網路，策略與競爭環境複雜多變，充裕經濟帶來顧客的話語權也極大增強。這個階段，經典策略理論有些失靈，雖然富有時代特色的策略專著很多，但是在指導實踐上卻乏善可陳。

不僅策略是混沌的、複雜的，甚至難以言表的，而且組織也在發生巨大變化，扁平化組織、虛擬組織、平臺型組織、生態鏈組織不斷湧現。行動網路、區塊鏈技術正在或即將造就越來越多的微型組織，一個人的組織已經大量出現 —— 但是，它們已經不需要組織結構了。

如果組織繼續緊密地跟隨多變的策略，組織就要不斷調整，將現金流折磨到枯竭的時候，組織只能破產了。

凡客誠品 2007 年成立時，其定位是一個賣「凡客牌」服裝鞋帽的電商，以能夠融資 5 億多美元的獨特能力，而後幾年的發展策略變得越來越迅速。到 2011 年，短短 4 年時間凡客的 SKU（存貨單位）曾一度增加至 20 萬個，網路頻道擴充到 500 多個。結構追隨策略，從創業的幾個人增加到 13,000 多人，從創業時的極簡組織結構發展到兩個事業部，然後又拆抽成 5 個事業部，後來又變成了 10 個事業部。到 2012 年，凡客有

庫存積壓產品 20 多億元。意識到問題後，凡客隨即策略大收縮，人員從 13,000 多人又迅速銳減到 300 多人。

另一個例子是共享單車 ofo。2014 年，ofo 由 5 位研究生在大學校園創立。僅用 3 年時間，ofo 投放了 2300 萬輛單車，同時企業估值接近 30 億美元。ofo 的發展策略是低成本迅速投放單車，領先對手和嚇退潛在進入者而占領各地市場。結構追隨策略也同時快速暴漲，ofo 迅速設立多個事業部，員工總數增加到 12,000 多人。ofo 燒掉了大約 18 億美元後，傻子也明白了 —— 低成本快速發展策略有問題，再也沒有人願意投資了。到 2019 年，ofo 又迅速收縮到寥寥幾人留守。街上已經看不到 ofo 的小黃車，似乎這個公司已經不存在了。

當今時代外部環境變化頻繁，若繼續遵守「結構跟隨策略」，即組織結構及管理活動隨策略而頻繁變動，就會導致企業經營不穩定，成本增加、風險放大，而且很難形成競爭優勢，最終必然損害了企業價值。

商業模式吸收了策略中定位、模式方面的相關內容，所以相較於策略與組織結構的關係，策略與商業模式的關係更加緊密一些 ——「結構追隨策略」是否應該更新了？

商業模式有一個固定結構，可以緩衝外部環境及策略規劃的多變調整，在多變時代中求得相對不變之道。商業模式相當於一個營利「緩衝裝置」，當外部環境穩定時，積極進取支持策略的對外擴張；當外部環境多變遇到挑戰時，改善或變革商業模式，減輕組織結構的盲目跟隨。

為什麼史蒂芬・賈伯斯（Steven Jobs）回歸，蘋果公司就從萎靡不振中雄起？按照賽門・西奈克（Simon Sinek）的黃金圈法則（The Golden Circle），因為賈伯斯信奉：一個產品要感召使用者，必須從內而外地先想好「為什麼」，然後再來確定「怎麼做」和「做成什麼」。像賈伯斯那

第 1 章
商業模式：我自策略中來！

樣，多問這樣的「為什麼」，企業就可能找到一個優秀的商業模式，而直接就「怎麼做」和「做成什麼」，很可能就像凡客和 ofo 那樣，企業隨即進入一個快速滅亡的狀態。

2001 年，iPod 這款產品讓蘋果公司成功實現了逆襲。當時各種品牌的音樂播放器遍地開花、競爭趨於白熱化了，而 iPod 賣那麼貴，且一口氣賣了 10 年，銷量超過了 3 億臺。設計這款產品之前，賈伯斯首先想到的是，為什麼顧客會買蘋果的 iPod？因為好產品自己會說話，iPod 有追求極致的人性化操作介面、巨大的容量 —— 把 1,000 首歌裝進口袋，還有 iTunes 音樂商城 —— 0.99 美元可以下載一首歌。在賈伯斯主導下，蘋果公司設計的 iPod ＋ iTunes 產品組合，從起初的獨特定位，而後進化為有核心競爭力的商業模式，為蘋果公司帶來了巨大的企業價值。

同樣是成長策略，蘋果公司先有一個可靠且有巨大營利潛力的商業模式，而後組織結構隨著商業模式適當調整就可以了。況且，全球範圍的產業鏈分工和專業化合作還可以為企業帶來組織輕型化和穩態化的好處。蘋果公司就採用了以製造外包為特點的虛擬經營方式，這樣就極大地減輕了組織調整和變革的負擔。自從 iPod ＋ iTunes 之後，蘋果公司陸續推出了一系列改變世界的產品，讓公司歷年都營利頗豐。**即使賈伯斯駕鶴西去，離開蘋果 7 年之久了，蘋果公司的營利也還在成長。2018 年蘋果公司淨利潤達 595 億美元，但是它的組織結構並沒有發生翻天覆地式的一次又一次改變。**

商業模式從策略中分離出來後，形成了由經管團隊、商業模式、策略路徑三個基本要素構成的企業頂層設計新正規化。組織結構應該放在什麼位置呢？它包含在管理體系中，與企業文化、技術水準、資源平臺、創新變革等若干因素放在頂層設計的輔助層次。頂層設計三個基本

要素必不可少，但不同的企業可以有不同的輔助因素選項。企業頂層設計要素和輔助因素共同構成企業的作業系統，稱之為企業營利系統或慶豐營利系統，見圖 1-2-1。

　　「策略決定結構」應該更新了！本書第 6 章，有 3 節內容將專門討論這個企業營利系統。

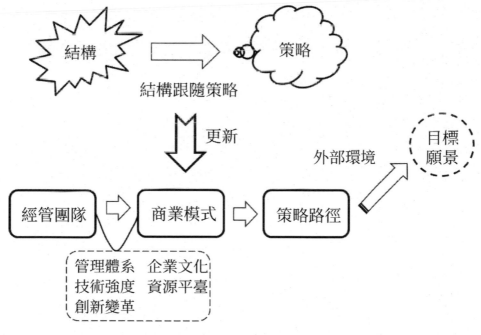

圖 1-2-1 將「結構跟隨策略」更新為企業營利系統示意圖

# 1.3

## T 型商業模式：穿越到刀耕火種的原始社會尋找起源

**重點提示**

※ T 型商業模式有哪三個理論來源？

※ 您對營利池這個要素有哪些改進建議？

※ 為什麼 T 型商業模式要用三個圖示形式表達？

　　筆者提出的 T 型商業模式理論從哪裡聚合而來？首先，從策略中分離出來定位、模式部分的相關內容，回歸到商業模式中。其次，中外一些專家、學者對商業模式做了很多開創性研究，筆者從他們的研究成果中汲取營養、獲益匪淺。除此之外，探討所謂的商業本質，檢視商業模式的極簡形式，我們還要穿越到刀耕火種的原始社會尋找蹤跡。

　　原始社會的以物易物常常選擇在接近水源的地方進行，例如水井旁邊。人們經常相聚井邊汲水，順便帶上貨物交換。井中有水可以清洗貨物，所以井邊是交易剩餘物品的好地方，「市井」一詞大致由此沿革而來。有了「市井」，商店越來越集中，基礎設施逐漸配套，買賣雙方交換物品的頻率不斷增加，後來就出現了專業提供清洗、包裝、物流服務的第三方供應商。從古代的以物易物發展到今天高度發達的商業社會，雖然歷經朝代更迭、時代變遷，但是商業的本質未變，商業交易依舊主要有三個主體：買方、賣方和第三方供應商。

## ■ 1.3.1
# T型商業模式定位圖

　　為了便於溝通和傳播，後來者應該繼承或借鑑已有的商業模式術語體系。因此，在T型商業模式中，將買方稱為目標客戶，將賣方稱為企業所有者，將供應商稱為合作夥伴。三者之間交易標的物是產品，在商業模式時代更新為產品組合。目標客戶購買產品是為了滿足自己的需求，感興趣的是產品的價值主張；企業所有者為目標客戶創造產品，是為了實現銷售營利，真正的興趣在營利機制；合作夥伴願意一起參與產品的創造，是由於產品組閣中有自己擅長和能夠獲得收益的部分。「產品組合、價值主張、營利機制」三位一體，分別代表了交易標的物的實物形式、需求形式、營利形式。三位一體即三種形式是一個實體，為方便表達後文常用產品組合來代表總體。將以上六個要素的相互關係構造到一個圖中，形狀似一個「T」，所以叫作T型商業模式，見圖1-3-1。

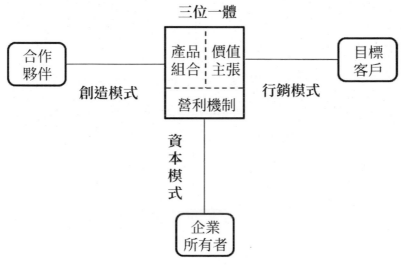

圖 1-3-1 T型商業模式定位圖

　　鑒於不同的應用場景，T 型商業模式有三種圖示形式，分別是概要圖、定位圖和全要素圖。圖 1-3-1 所示是 T 型商業模式的定位圖。

　　區別於其他定位理論，T 型商業模式定位的核心內容之一是「三端定位」——對合作夥伴、目標客戶、企業所有者三個利益主體的各自訴求「產品組合、價值主張、營利機制」進行綜合考量而確定商業模式的定位。2011 年小米公司創業伊始，為了對抗蘋果、三星（Samsung）、聯想（Lenovo）等知名跨國公司的強勢競爭力量，以「手機硬體＋MIUI 系統＋米聊軟體」為產品組合，價值主張為「高配置、低價格」，並以策略性低成本打造熱門商品建構營利機制。知識付費公司邏輯思維，以「每日免費廣播＋禮品商城＋專家課程」為產品組合，以優質簡便的內容帶領大家終身學習為價值主張，建構了「低成本廣播＋禮品基本利潤＋專家課程高額利潤」的營利機制。

　　由於創辦人的光環效應、風險投資盲目追捧等因素，一些企業還沒有對產品組合進行科學定位，就豪情萬丈地盲目鋪開了成長與擴張策略。諸如 ofo 小黃車、凡客公司、聯想手機專案等諸多案例已經警示我們，創業失敗或成熟企業轉型失敗，在相當程度上是因為三端定位方面有所偏頗或考慮欠周。在本書第 2 章，將詳細闡述 T 型商業模式的三端定位。

## 1.3.2
## T 型商業模式全要素圖

　　在以上定位圖的基礎上，再增加七個要素，就是 T 型商業模式的全要素圖，見圖 1-3-2。

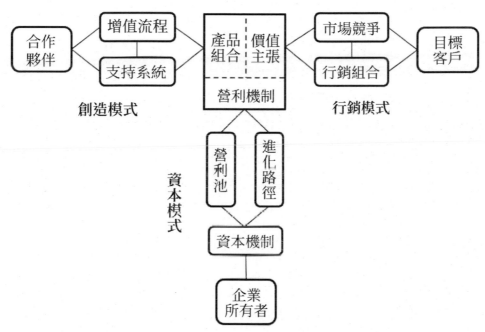

圖 1-3-2 Ｔ型商業模式全要素圖

　　在 T 型的左端，「產品組合→合作夥伴」之間，增加增值流程、支持系統兩個要素，它們一起構成 T 型商業模式的創造模式。用公式表達創造模式為：產品組合＝增值流程＋支持系統＋合作夥伴；換用文字表述為：增值流程、支持系統、合作夥伴三者互補，共同創造出目標客戶所需要的產品組合。當然，這裡的公式屬於管理學藝術性的一面，主要為了便於理解，也在一定程度上反映了創造模式四個要素之間的邏輯關係。

　　此處的增值流程近似等於波特的價值鏈，可以從兩個方面理解：一是指形成產品組合的業務流程（核心價值鏈），能外包的外包給合作夥伴，不能外包的企業自己處理好；二是業務流程如何為目標客戶帶來所需要的價值，因為業務流程最終要對產品組合所「攜帶」的價值負責。

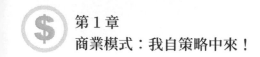

支持系統可以簡單理解為創造產品組合所需要的關鍵資源與核心能力。

在 T 型的右端，「價值主張→目標客戶」之間，增加行銷組合、市場競爭兩個要素，它們一起構成 T 型商業模式的行銷模式，用公式表述為：**目標客戶＝價值主張＋行銷組合 - 市場競爭**；換用文字表述為：**根據產品組閣中含有的價值主張，透過行銷組合克服市場競爭，最終不斷將產品組合銷售給目標客戶**。彼得‧杜拉克說：「企業的宗旨就是創造顧客，顧客是唯一的效益中心。」行銷模式為如何創造顧客提供了一個公式。本書中，顧客、目標顧客與目標客戶概念一致，都表示產品組合的銷售對象。

此處的行銷組合代表企業選擇的行銷工具或手段的一個整合。經典系列的行銷工具組合有：行銷 4P、4C、4R、4V 等。網路的出現，又創造出了很多行銷手段，例如：社群行銷、演化行銷、大數據行銷等。行銷手段的創新還會越來越多，例如：「網紅」、「業配」都成了非常流行的行銷手段。將選用的行銷工具或手段整合在一起，統稱為企業的行銷組合。

價值主張決定了企業提供的產品組合對於目標客戶的實用意義，即滿足了目標客戶的哪些需求。行銷案例課上流傳著這樣一句話：顧客要購買的不是鑽機和鑽頭，而是牆上的孔。「鑽機和鑽頭」屬於產品組合，而能快速省力地鑽好「牆上的孔」才是價值主張。

在 T 型的下端，營利機制→企業所有者之間，增加營利池、資本機制、進化路徑三個要素，它們一起構成 T 型商業模式的資本模式，用公式表述為：營利池＝營利機制＋企業所有者＋資本機制＋進化路徑；換用文字表述為：營利池需要營利機制、企業所有者、資本機制、進化路徑 4 個要素協同貢獻。簡單地說，營利池表示企業可以支配的資本總和，主要有資本存量和營利池容量兩個衡量指標。這裡的資本指廣義的

資本，包括物質資本、貨幣資本和智慧資本等內容。

營利機制是指企業透過產品組合實現營利以建立競爭優勢的原理及機制。例如，在吉列的刀架＋刀片產品組閣中，刀架作為耐用品賣得很便宜，甚至可以贈送，而刀片作為耗材賣得很貴。顧客們時常買刀片，企業就獲得了可觀的利潤。

在這裡，企業所有者名義上是指全體股東，而實質上發揮作用的是有權決策對外股權融資、股權激勵、對外投資合作等資本機制層面操作事項的一個人或一個小組，具體到企業現實的決策場景，往往是企業掌門人、創辦人或核心團隊掌管了這些決策權，而股東會、董事會等往往是一個正式的法律形式。

資本機制類似於資本營運，主要指企業所有者透過對外融資、股權激勵、對外投資等資本運作形式，為企業引進資金、人才等發展資源。

以圖示化形式呈現的 T 型商業模式全要素圖，方便於評判、設計、改進、改善和創新企業的商業模式。2018 年，大家曾為華為、中興是否要完全自主研製高階晶片爭論不休。知名學者和著名經濟學家紛紛發表自己的觀點，觀點非常對立，似乎各方都有自己的道理。如果用 T 型商業模式的創造模式四個構成要素稍微分析，可行還是不可行，明確的判斷便躍然紙上（詳見章節 2.3 中對這個問題的具體闡述）。以 T 型商業模式的三端定位來評判共享單車 ofo 專案，它的產品組合、價值主張和營利機制都是不可靠的。進一步用全要素圖分析這個專案，發現它的支持系統也有欠缺 —— 五位創辦人疊加起來的工作經驗不超過 24 小時；它的行銷組合大多數情形下也都不可靠，例如：以定位理論指導行銷，花約 12,000 萬新臺幣在一家媒體上投放廣告，花約 8,000 萬新臺幣冠名了一顆衛星，再花約 4,000 萬新臺幣請明星代言等。共享單車在露天存放，本身就是

廣告。以適合保健食品、飲料的定位理論為行銷指導，ofo 一再地陰錯陽差，必然會走向衰敗。創業失敗可以轉變為以後成功的動力和資本。

在筆者已經出版的《T 型商業模式》中詳細闡述了以上各組成要素之間的關係；列舉多達 80 個案例來詳細說明創造模式、行銷模式和資本模式的規律原理及其功能作用；討論了藍海策略、平臺策略、熱門商品策略、定位理論等與 T 型商業模式的關係，既見樹木也見森林地將零散的理論統一在一起；以理論結合實踐的方式，給出了諸多獨特新穎的商業模式創新方法。

## 1.3.3
### T 型商業模式的概要圖

忽略具體構成要素，將創造模式、行銷模式、資本模式構成一個 T 型圖，就是 T 型商業模式的概要圖，見圖 1-3-3（左）。視需要而定，概要圖中有時也會增加一個或多個構成要素，例如圖 1-3-3（左）中間增加的產品組合。概要圖主要用來表達 T 型商業模式的整體特徵、動態進化原理等。

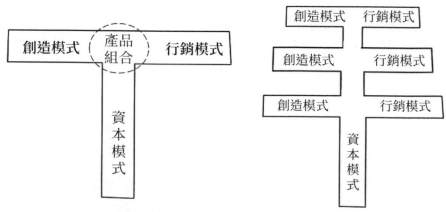

圖 1-3-3 T 型商業模式的概要圖（左）及多事業部示意圖（右）

　　概要圖的另一個用處在於它便於表示多事業部商業模式的協同。一
般來說，一個事業部就會有一個相對獨立的商業模式，但是它們之間會
有資本、創造或行銷模式的共享。例如，阿里巴巴公司所形成的組合商
業模式就類似一個一個T型的疊加。多個商業模式之間更多地共享資本
模式，而各自有相對獨立的創造模式和行銷模式，見圖1-3-3（右）。另
外，概要圖還便於圖示核心競爭力的形成、商業模式的進化路徑及企業
轉型等重大策略或商業模式主題。

# 1.4

## B2B 或 B2C：商業模式有這麼簡單嗎？

> **重點提示**
>
> ※ 為什麼要將營利模式改成營利機制？
> ※ 為什麼說商業模式不是「如何向客戶收費」？
> ※「T 型商業模式就像一艘輪船」這個比喻有何啟發意義？

　　講如何賺錢的學問，都是非常受歡迎的，商業模式是講如何賺錢的，所以商業模式非常受歡迎。由於約定俗成或其他歷史原因，談及商業模式，就出現了很多不同的說法。

　　一類說法是 B2B、B2C，還有成語接龍式的延長或變異，像 B2B2C、C2M2B 等。這種表述起源於電子商務剛剛風行的年代，進化到現在已經應用到了幾乎所有產業。這種說法可以看成是商業模式的行話，主要為了交流和表達方便。否則，商業模式哪有這麼簡單？幾個字母簡單組合一下，全世界就有這麼幾種商業模式，完全沒有研究的必要了。簡單地說，做消費品生意的公司稱為 B2C，做工業品生意的公司稱為 B2B。這裡的 B 表示 Business，C 表示 Customer，M 表示 Manufacturer，2 表示 To 的意思。如果這些行話硬要與 T 型商業模式連繫在一起的話，表示的是企業所有者與目標客戶之間的關係，見圖 1-4-1。

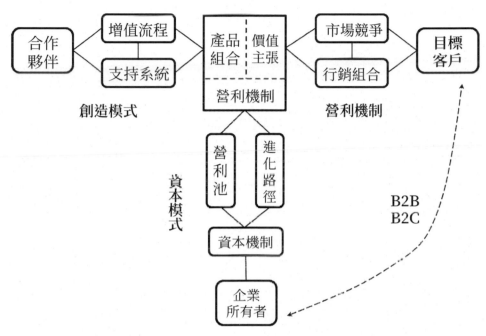

圖 1-4-1 B2B ／ B2C 等在 T 型商業模式的對應位置示意圖

　　另一類說法將商業模式與營利模式（或盈利模式）混合。這種說法可以看成是對過去商業模式實踐經驗的概括與總結。書的名字也許叫作商業模式，而實際上內容都是營利模式列舉或案例。例如：最早流傳的 22 種營利模式包括配電盤模式、餌與鉤模式、解決方案模式等；後來的 55 種營利模式主要包括合氣道模式、聯盟模式、眾籌模式等。既然是實踐經驗歸納，營利模式的數量就會越來越多，從最早的 22 種增加到後來的 55 種，現在至少有上百種，未來可以有成千上萬種營利模式。

　　營利模式還不能申請專利，所以作為成功經驗就可以相互借鑑和模仿。彼之蜜糖，我之毒藥。成功者寥寥，但失敗者眾多。2011 年美國團購企業 Groupon 公司成功上市後，模仿 Groupon 營利模式者如過江之鯽。

　　創業投資人士習慣將營利模式簡化為「如何向客戶收費」。例如，在

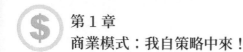

## 第 1 章
## 商業模式：我自策略中來！

一個專案演說上，投資經理向創業者發問：「請說明一下你的商業模式，這個業務如何賺錢？」創業者答道：「我們的商業模式不依靠零售賺錢，而是按月收取租賃費，也收一次性加盟費，每年再收取技術服務費、『過路費』、『過橋費』，類似於創新的融資租賃模式。」

　　ofo 小黃車創業專案為什麼能吸引那麼多知名風險投資機構的資金？根據坊間的說法，也許創業團隊把專案的收費前景講清楚了：騎一次小黃車，ofo 扣費 4 元新臺幣。每天平均開鎖三次，一輛車年收入就有上千元。小黃車批次購買價 1,200 新臺幣左右，使用者的儲值和押金就抵銷了。

　　短短 3 年時間燒掉了約 18 億美元，ofo 商業模式怎麼就失敗了呢？共享單車是個功能性產品，勇於冒險在野外投資的創業者或投資者大有人在。如果這個商業模式真的可以賺錢，就會有一大批共享單車專案冒出來。如果諸多先驅創業者都變成了先烈，後續觀望者就會改道換路，去追逐其他的風口。ofo 小黃車平均壽命不到一年，所以折舊費也是 1,200元。另外，往返搬運、維修、擺放、後臺管理等價值鏈日常運維工作，摺合到每輛車的年攤銷費用超過了 2,800 元。因此，一輛小黃車一年賺不到 4,000 元，企業就是虧錢的。況且，採購價 1,200 元的 ofo 小黃車不是智慧定位車，丟失、破損、殘廢、藏匿的數量超過了 40%，這可是一筆打了水漂的鉅款！關鍵是使用者體驗不佳，扣款後，開鎖了但是不能騎；換一輛還是如此，再換一輛……使用者由愛生恨，都去排隊退押金了！

　　學者們對典型案例的營利模式進行概括總結，形成 22 種或 55 種「商業模式」，可以啟發創業者對商業模式進行思考，但也最容易誤導別人的前途。在 T 型商業模式中，以營利機制來代替原來的流行說法「營利

模式」，而營利機制也只是 T 型商業模式 13 個構成要素之一。為什麼要更換營利模式的名稱？從商者為了賺錢及獲取競爭優勢，會利用各種機會，窮盡各種辦法，對營利的方式不斷創新，所以只有可以學習領悟的營利機制，而不存在能完全模仿、相對固定的營利模式。

什麼是正確的商業模式？很多學者給出了定義，但是還沒有哪個定義被廣泛認可。在視野所及的範圍內，筆者認為以下三種結構傳播更加廣泛一些：

（1）九要素畫布或九宮格結構，也稱為九要素畫布商業模式。雖然它是一本書，但是內容就是一張圖。現在流行速食式閱讀，50 分鐘內要看完一本書，而「九要素畫布」這張圖，只用 5 分鐘就可以理解了。九要素畫布結構的九個要素是：價值主張、客戶細分、管道通路、客戶關係、收入來源、核心資源、關鍵業務、重要合作、成本結構。因為簡單易懂，容易普及，對於商業模式的啟蒙教育有很大的推廣作用。九要素畫布結構在 2005 年就出現了，至今一直被廣泛沿用。與之前學者們的研究相比，「九要素畫布」商業模式應該是一個有繼承有創新的大幅度更新。

（2）魏朱商業模式是一個六要素結構，它大約誕生於 2008 年。它也是一張圖，但有幾本書來說明這個結構，便相對有了一個商業模式的理論體系。魏朱商業模式包括定位、業務系統、關鍵資源能力、盈利模式、自由現金流結構和企業價值六個要素。與之前的學者相比，引進現金流結構、企業價值等財務金融因素到商業模式的通用結構中，是魏朱商業模式的一個顯著創新。

（3）兩個四要素結構，一個是由客戶價值主張、營利模式、關鍵資源、關鍵流程四個要素構成；另一個的四個要素分別是客戶、價值主張、

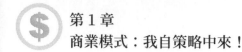

# 第 1 章
## 商業模式：我自策略中來！

價值鏈、盈利機制。不知什麼原因，雖然這兩個四要素結構頗有些來頭，但是沒有被大家顯著提及和廣泛傳播。

不限以上的列舉，每一個能廣泛傳播的商業模式理論，首先它應該自成體系、能夠自圓其說，然後對實踐者要有一定的啟發和指導意義。筆者充分借鑑和吸收前人的研究成果，「站在巨人的肩膀上」，結合自己的工作實踐，提出了 T 型商業模式理論。

T 型商業模式有 13 個要素，與其他商業模式理論相比，主要增加了資本模式及改善了交易主體。資本模式為創造模式、行銷模式的「往復循環」進行賦能、借能和儲能，以形成成長策略所必需的「飛輪效應」。T 型商業模式的交易主體包括企業所有者、合作夥伴、目標客戶三方。競爭者不是無關的旁觀者，是交易主體重要的利益相關者，所以也增加了市場競爭這個要素。這樣構造的商業模式，就像一艘輪船，有了人物角色，有了驅動的能源，就可以被驅動並駛向策略目標了。

除此之外，已經出版的書籍《T 型商業模式》第 8 章還闡述了 T 型商業模式的七大創新特色，有興趣的讀者可以參考該書進一步全面理解 T 型商業模式。

# 1.5

## 尋找那個超越生命週期的獨角獸

**重點提示**

※ 獨角獸的生命週期應該包括哪幾個階段？

※ 讓商業模式與策略共舞，能為企業帶來哪些改變？

※ 哥德爾不完備定理對我們企業經營者有什麼啟示？

　　總結而言，筆者提出的 T 型商業模式理論，可以從三個方面溯源：第一，追溯到原始社會的以物易物，尋找商業模式的起源。從買方、賣方和供應商三個亙古未變的商業交易主體出發，建構 T 型商業模式的定位圖，然後填充現代商業活動的核心內容，形成 T 型商業模式的全要素圖。第二，充分借鑑和吸收不同國家學者對商業模式的開創性研究，「站在巨人的肩膀上」，結合自己的工作實踐和思考，比較系統地提出了 T 型商業模式理論。第三，將策略中屬於商業模式的內容分離出來，不僅豐富商業模式的理論體系，同時為門派眾多、混沌紛繁的策略理論「減重」。這樣，商業模式與策略共舞，為企業創造更多營利，持續提升企業價值，從而讓更多的企業成長為一個「獨角獸」！

　　矽谷的投資家將創辦時間相對較短（一般為 10 年內）、估值迅速達到 10 億美元以上的創業公司稱為「獨角獸」，並將估值超過 100 億美元的創業公司稱為「超級獨角獸」。「獨角獸」高貴而稀有，創業者、投資

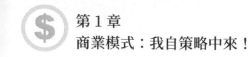

商及相關媒體開始「共謀」，一起創造「獨角獸」。隨後，各式各樣的獨角獸企業排行榜，一個一個出爐了。

「股神」華倫·巴菲特（Warren Buffett）曾說：「當大潮退去，才知道誰在裸泳。」進入 2019 年後，沒有收益的獨角獸企業遭到市場集體拋棄。美國公司 WeWork 還沒上市，估值已經跌去 80％；Lyft 和 Uber 雖然上市了，但是從上市開始，股價就一路走低，多次暴跌。

還有更多的公司，義無反顧，走在快速成為獨角獸企業的路上，期望更短的時間實現首次公開募股（IPO），再破世界紀錄！

僅僅是「快速」，並不會帶來持久的幸福感！我們都崇尚將企業經營成百年老店，一代傳承一代，做時間的朋友，實現基業長青。這樣看來，獨角獸企業的評判標準是否應該修改一下？沒有徵求（似乎也無必要）矽谷投資家的同意，筆者將獨角獸企業的評判標準修改為：存續至少 10 年，估值（或市值）達到 10 億美元以上且依靠核心競爭力正在實現持續成長的公司。關於這個標準的相關解釋，可以參見章節 4.3 的內容。

存續有 10 年時企業才算進入青年期，而之前用資本催熟的辦法提前讓企業進入青年期，副作用實在是太大了。企業也有青年期，的確如此！企業是人為構造的人 - 機系統，每天都面臨著生死存亡的競爭，所以像人一樣也有一個可以劃分為幾個階段的生命週期。

美國管理學家伊查克·愛迪思（Ichak Adizes）是企業生命週期理論的創立者。愛迪思曾用 20 多年的時間研究企業如何創立、發展、老化和衰亡。在 1988 年出版的書籍《企業生命週期》（*Corporate Lifecycles*）中，他把企業生命週期劃分為十個階段，即：孕育期、嬰兒期、學步期、青春期、壯年期、穩定期、貴族期、官僚化早期、官僚期、死亡。

研究业輔導了上千家企業後,愛迪思把企業生命週期劃分為以上十個階段,確實有點太多了,不方便記憶和宣導。後來,有人把這十個階段簡化為創立期、成長期、成熟期、衰退期四個階段。至今,說起企業生命週期,廣泛流傳和實踐應用的也是簡化後的這四個階段,並且通常還配置一個類似於拋物線的曲線,放在直角座標系內 —— 橫軸表示時間,縱軸表示銷售額或企業價值,見圖 1-5-1。

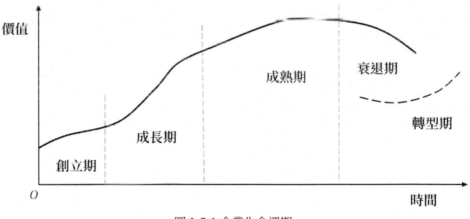

圖 1-5-1 企業生命週期

愛迪思提出的企業生命週期理論,應該能給我們的理論研究和企業經營更多啟發。

商業模式誕生較晚,至今還沒有一個被廣泛認可的理論體系。企業策略有近百年歷史,相對成熟一些。沒有商業模式的年代,並不是它不存在,而是一直由策略代之。就像大學的專業分為理科與工科,企業策略等管理學相關學科自身也可以分為理科部分與工科部分。策略管理的諸多學派、模型工具及由此集結而成的策略研究屬於理科部分。而長期以來,策略研究的工科部分備受冷落,除了一些策略諮詢公司的點滴貢獻,學院派策略研究者介入較少。哈佛商學院的案例教學較為知名,全

球各地商學院紛紛引進與效仿。案例教學不能算工科部分。因為理論難以透過講解就透澈，所以要用案例教學。另外，案例教學讓聽課者都參與，所以大家有參與滿足感，然後授課時間就會流逝得較快。案例教學是為了學好理論，但是企業經營者不能隨便模仿學過的案例。彼之蜜糖，汝之砒霜。

　　策略研究的理科部分過剩，而工科部分缺乏，導致許多人一頭熱地栽進去，眾多或原創或雜合的策略理論難落地。企業經營者在策略實踐中繼續經驗主義或盲目地隨機嘗試錯誤。所謂策略研究的工科部分，就是如何將策略理論落地，如何結合具體經營場景提出策略應對方案，如何結合企業的內外部狀況制定策略規劃，並以工程化、專案化方式保障策略方案的實施。

　　企業生命週期各階段就是粗線條的企業經營場景。在創立期、成長期、成熟期、衰退期各階段，企業策略應該有所不同。在《企業生命週期》一書中，愛迪思生動地描述了每個階段的特徵，並提出相應的策略對策，告知企業經營者如何判斷出現的問題，如何安排結構、人員和制度，以便讓組織充滿競爭力和活力。無疑，這更像策略研究的工科部分。進入21 世紀，如何讓策略落地以指導複雜多樣的實際經營場景，已經引起一些策略學者或專家的關注，由此湧現出許多關於企業策略管理的新理論。儘管這些新理論或許屬於企業生命週期理論的補充、更新或延伸，或許更加貼近經營場景，能夠更加有效地指導企業策略實踐，但是它們中的絕大部分還是將策略與商業模式二者不加區分地混合在了一起。

　　商業模式從策略中分離出來後，也應該在企業經營實踐中落地。在本書中，我們更多關注獨角獸企業在生命週期各階段的商業模式建構與進化發展情況。

　　獨角獸企業稀有而高貴，應該追求可持續發展，生命週期應該與眾不同。筆者將獨角獸企業的生命週期劃分為創立期、成長期、擴張期、轉型期四個階段。如果在轉型期，成功開啟第二業務成長曲線，企業就可以進入下一個生命週期循環。成為獨角獸企業，應該追求更多的生命週期循環。

　　在企業創立期，讓商業模式順利誕生並有健康的生命力是第一策略任務，因此首先應該對商業模式定位。所謂定位定天下！可以將定位比作穿衣服時扣第一個釦子。如果第一個釦子扣錯了，後面下的功夫都是白費。T 型商業模式定位重點是對產品組合定位（簡稱為產品定位），包括產品組合差異化、三端定位、改善疊代等內容。本書第 2 章重點介紹了三端定位模型，列舉了 4 個成功實施三端定位的案例和 3 個不太符合三端定位的案例。另外，從產品競爭更新到商業模式競爭，筆者對相關定位理論實施乾坤大轉移。像波特競爭策略、藍海策略、傑克‧屈特定位（或賴茲定位）、產品思維、品牌理論、平臺策略、熱門商品策略、STP 理論等，它們原來大部分都屬於策略範疇的定位理論，現在將它們歸為商業模式定位的範疇。這些傳統而經典的定位理論，實質上屬於單端定位，聚焦於讓產品差異化，避開競爭以吸引目標客戶購買。而三端定位是從目標客戶、合作夥伴、企業所有者三個交易主體（T 型商業模式的三端）的能力資源及利益訴求出發，協同一體對產品組合進行市場定位。

　　在企業成長期，實施成長策略就要持續創造顧客，而不僅是依靠資本補貼討好獲取顧客。如何持續創造顧客？本書第 3 章有說明清楚，T 型商業模式的創造模式、行銷模式及資本模式三者構成了一個飛輪成長模型。這裡用作比喻的飛輪是一個機械裝置，啟動時費點力氣，

旋轉起來後就很省力，並且越轉越快。在創造模式、行銷模式及資本模式各自的構成公式中，蘊藏著實現創造、行銷、資本的第一性原理，並引用了安索夫、杜拉克、熊彼得的相關學說，進一步印證商業模式與策略、創新理論不可分割的連繫。為實現持續創造顧客，筆者提出的另一個成長模型是五力分析。以慶豐之「五力合作」消解波特之「五力分析」。

在企業擴張期，透過商業模式進化促進實施產品組合擴張與延伸策略，需要打造企業核心競爭力。本書第 4 章重點介紹了 SPO 核心競爭力模型和 T 型同構進化模型。核心競爭力理論屬於策略還是屬於商業模式？原來屬於策略，現在屬於商業模式，至少應該兩者共有。SPO 模型給出了核心競爭力的構成要素、闡述了核心競爭力的建構方法和形成過程，解決了原來策略能力學派的核心競爭力理論無法落地的瓶頸問題。T型同構進化模型給我們的啟示是，企業的根基產品組合好比一棵大樹的樹幹，樹幹越強壯，上面的樹冠（進化形成的產品組閣家族）才會豐滿茂盛。另外，筆者認為獨角獸企業實現基業長青，需要貫徹保守主義價值觀，在章節 4.4 中給出了基本的指導思想和初步的理論模型。

在企業轉型期，實施轉型創新策略的核心是如何開關第二曲線業務，透過創新讓商業模式順利實現新舊交替，跨過非連續性創新獲得重生。本書第 5 章重點介紹了指導企業轉型的雙 T 連線模型及其三項原則、五個步驟。

以上是本書第 2、3、4、5 章的重點內容，而圖 1-5-2 是對這些內容的概括性、示意化表達，這個圖示的具體解釋在章節 6.3 中給出。

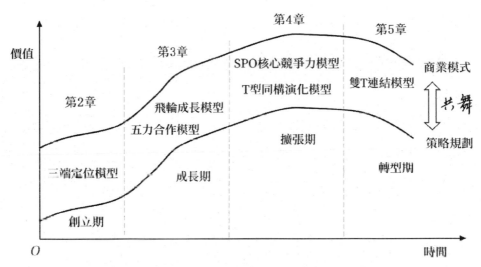

圖 1-5-2 商業模式與策略共舞為企業創造價值示意圖

　　根據哥德爾不完備定理（Godel's Incompleteness Theorem），找到所關注對象的上一級系統，才可以完整地觀察和論述這個對象。本書第 6 章推論出商業模式、策略的上一級系統是慶豐營利系統，它的基本執行原理可以表述為：經管團隊驅動商業模式，沿著策略規劃的路徑發展與進化，實現各階段策略目標，最終達成企業願景。有了慶豐營利系統，順便也解決了彼得‧聖吉在《第五項修練》提倡我們系統思考，但是長期缺乏可供思考的「系統」這個歷史性難題！

　　本書第 7 章可以看作是附贈的「餐後甜點」。在個體崛起時代，每個人都可以看成由一個人構成的公司，所以也需要一個獨特的商業模式。仿照企業，個體獨角獸也是成立的，也可以有個體獨角獸排行榜，在第 7 章的「餐後甜點」，筆者將以幾篇短文的形式揭示個體獨角獸的若干成長祕笈。

　　千里之行，始於足下；格物致知，砥礪前行。探索之旅現在開始，讓我們共同尋找那個超越生命週期的獨角獸！

# 第 2 章
## 創立期：產品組合如何定位？

### 本章導讀

　　創業或新產品開發失敗率這麼高，主要原因是產品定位有問題。不能說誰的「嗓門」大，誰就是定位理論的代表。像波特競爭策略、藍海策略、傑克·屈特定位、產品思維、品牌理論、熱門商品策略、STP 理論等，它們都是產品時代經典而有效的定位理論。

　　在商業模式競爭時代，定位理論需要更新。T 型商業模式定位包括三個部分：產品組合差異化、三端定位、改善疊代。由此來看，當今商業模式的定位比產品時代的定位增加了維度和複雜度。歸根究柢，產品時代的定位理論屬於單端定位或產品組合差異化的一種方法，並不是完整意義上的商業模式定位。

　　單一產品實施差異化太難了，解決方案是上升到產品組合差異化。單端定位容易造成「一葉障目，不見泰山」，本章重點介紹了三端定位及相關案例。

第 2 章
創立期：產品組合如何定位？

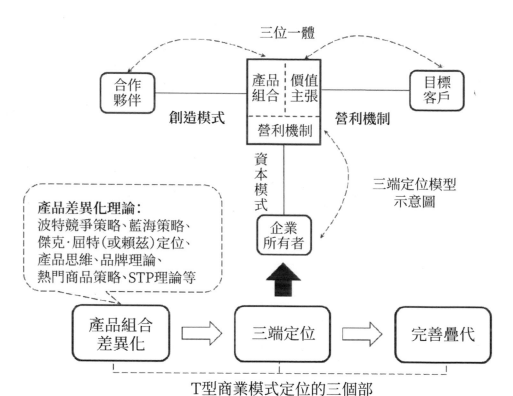

三位一體

合作夥伴 — 產品組合 | 價值主張 — 目標客戶

創造模式

營利機制

營利機制

資本模式

產品差異化理論：
波特競爭策略、藍海策略、
傑克·屈特(或賴茲)定位、
產品思維、品牌理論、
熱門商品策略、STP理論等

企業所有者

三端定位模型
示意圖

產品組合差異化 ⇒ 三端定位 ⇒ 完善疊代

T型商業模式定位的三個部

【第 2 章重點內容提示圖】商業模式定位與產品差異化理論的區別與連繫

# 2.1

# 三端定位：讓創業及新產品開發更可靠！

**重點提示**

※「免費＋收費」商業模式中隱藏著哪些經濟學原理？

　　一個企業的成功創立首先是產品能在市場上立足，即有一個正確的產品定位。這裡的產品是一個泛稱，既包括實物產品、虛擬產品、服務等，也包括商業模式中的產品組合。

　　換句話說，創業或新產品開發失敗率這麼高，主要原因是產品定位出了問題。一說到定位，很多人會想到傑克·屈特定位，顯然我們的心智已經被「外來物種」占領了。為了區別起見，將 T 型商業模式的定位稱為產品組合定位，但為了溝通方便，簡稱為「產品定位」。

　　按理說，創立一個新企業，開發一個新產品，如何成功定位獲得市場認可、最終能否誕生與存活應該是首要的策略問題。但是，當下時代，大家似乎忽視了產品定位，願意把人財物力直接投入到成長策略。這樣的創投案例比比皆是，利用資本來補貼客戶以實現成長，這樣持續燒錢一陣子，最終也會證明產品定位是否正確！遺憾的是，當產品定位失敗、創業黔驢技窮的時候，風險投資也會對原來追捧的專案避而遠之！

　　在創立期時，企業必須對投放市場的產品進行認真定位。為什麼要

定位？拿穿衣服扣釦子來比喻，扣好第一個釦子就是定位。如果第一個
釦子扣錯了，後面下的功夫都是白費。

　　企業是個生命體，與自然界的生物一樣，同樣是適者生存。實施商
業模式定位時，首先要有一個差異化的好產品（產品組合），然後透過三
端定位為產品組合找到一個適合的市場位置，最後透過不斷改善疊代，
讓產品組合在市場環境中存續下來。

## ■2.1.1
## 產品組合如何實現差異化？

　　在回答這個問題之前，我們先討論一下產品組合這個概念。T 型商
業模式中的產品組合包括三大類：產品關聯組合、產品模組組合、產品
策略組合。產品關聯組合是指兩個以上的產品在功能互補上的組合，例
如：吉列的「刀架＋刀片」組合、鮮生超市的「餐飲＋超市」組合、斯
沃琪手錶的產品金字塔組合等；產品模組組合是指產品的構成組合，例
如：海底撈的「火鍋＋多元服務」組合、教育機構的「高收費課程＋文
憑」組合、賓士汽車的「駕駛功能＋品牌身分」組合等；產品策略組合
是指在策略規劃期間，企業按照時間順序陸續推向市場的一系列產品組
合，例如：蘋果公司近些年來陸續推出的從 iPod 到 iPhone、iPad 系列的
產品組合。需要說明的是，根據向下相容的原則，單一產品也屬於產品
組合，是產品組合的一種最簡單形式。

　　初步解釋產品組合後，下面我們簡述一下如何對產品組合進行差異化。

　　首先，由於產品組合是由單一產品或功能模組組合而成的，所以對
單一產品（或構成模組）差異化是對產品組合進行差異化的主要途徑。
如何讓產品實現差異化，傳統策略理論已經給出了不少方法。像波特競

爭策略、定位策略、藍海策略、熱門商品策略、平臺策略等層出不窮的原先歸為策略的相關理論，其實它們都是為了讓產品與眾不同 —— 歸根究柢是讓企業的產品實現差異化。

其次，不能閉門造車地實施對產品組合的差異化。顧名思義，產品組合就是多個單一產品或功能模組組合在一起，其存在本身就是有差異化的。從一維產品到多維產品的組合，實現差異化的途徑呈現指數成長。但是，產品組合差異化的可選項太多，而成功的可選項往往只有一個或寥寥幾個。實施產品組合差異化創新風險更大了，所以很容易導致企業在創立期失敗。產品組合最終要找到目標客戶，並與各類競爭者的產品一比高低。因此，對產品組合差異化時，有必要先透過五力分析模型、SWOT 模型、產業研究等理論工具進行相關分析與探究。

除此之外，如何對產品組合整體進行差異化？下面主要從經驗方法、直覺方法及科學規範方法三個方面簡要闡述。

一是借鑑那些歷史案例的成功經驗進行產品組合差異化。例如：雀巢公司（Nestle）的「咖啡機＋咖啡膠囊」產品組合就是借鑑吉列公司的「刀架＋刀片」產品組合。現在「刀架＋刀片」組合已經演化出很多變異形式，在各行各業都有採用。例如：蘋果公司採用了相反的「刀架＋刀片」組合邏輯，手機硬體賣得很貴，而常用的應用軟體售價較便宜。截至目前，已經有近百種常見的產品組合形式，大部分以營利模式的名稱出現。比較常見的一些產品組合形式，見表 2-1-1。

二是依靠創新者的直覺進行產品組合差異化。1999 年，電腦零售商袁亞非從南京到深圳出差，偶然進入當時沃爾瑪超市（Walmart）購物時，立即被宏大的售貨場面所震撼！震撼後袁亞非靈感湧現，創造性地設計了著名的「王大媽」（WDM）商業模式。回到南京，他把沃爾瑪

（Walmart，W）的大規模連鎖、戴爾（Dell，D）的客製化定製和麥當勞（McDonalds，M）的標準化服務結合，開設了第一家結合三項優點的連鎖大賣場。直覺有天賦的成分，與觸景生情、急中生智有關係，但主要還是依靠勤學苦練、舉一反三。

三是依靠科學規範的創新方法進行產品組合差異化。例如，「免費＋收費」是一個用途廣泛的產品組合差異化方法，有的創業公司也利用「免費＋收費」，最終很難成功，原因何在？因為這裡的免費或收費都是有意義的。首先，免費產品應該是非實物的虛擬產品，它的特點是邊際成本趨於零，一人使用和一億人使用，成本幾乎不增加。其次，讓免費產品成為目標客戶的高頻需求。最後，讓免費與收費產品搭配行銷！免費連線著收費，這樣的免費才有意義。另外，收費產品的講究也很多，比如收費產品可以形成產品金字塔 —— 透過低階產品獲得巨大流量、中階產品營利、高階產品塑造品牌，也可以將邊際成本遞減或邊際收益遞增等經濟學原理植入收費產品之中。

依靠科學規範的方法進行產品組合差異化創新，還有巨大的空間值得研究和探索，這也是未來商業模式創新的重點和價值所在。

表 2-1-1 常見的產品組合搭配、差異化特點與相關案例

| 序號 | 產品組合名稱 | 特點及案例 |
|---|---|---|
| 1 | 刀架＋刀片 | 基礎產品便宜，耗材貴。吉列刮鬍刀、惠普印表機與墨水匣 |
| 2 | 免費＋收費 | 免費引來流量，收費創造效益。防毒軟體、微信、邏輯思維 |
| 3 | 產品金字塔 | 低階產品促銷，中階產品營利，高階塑造品牌。斯沃琪手錶 |

| 4 | 功能產品＋品牌 | 功能保底，品牌溢價。可口可樂、賓士、Nike |
| --- | --- | --- |
| 5 | 整體解決方案 | 系統整合溢價。 |
| 6 | 產品＋服務 | 產品低價＋服務年費。ERP 軟體 |
| 7 | 硬體＋軟體 | 硬體保證效能，軟體創造體驗。蘋果手機 |
| 8 | 產品＋金融借貸 | 分期付款促進銷售＋利息收入。利樂包裝、產品租賃／分期付款 |
| 9 | 產品＋速度／時尚 | 更新換代溢價。時裝、英特爾晶片、蘋果手機 |
| 10 | 產品＋認知定位 | 認知定位促進銷量。 |
| 11 | 產品組合乘數 | 共享流量、品牌或支持系統。迪士尼、寶潔、銀行 |
| 12 | 店中店混業 | 滿足客戶多種需求。85° C |
| 13 | 介入客戶價值鏈 | 客戶必須採購。7-ELEVEN、辦公室投幣咖啡 |
| 14 | 產品定製化 | 匹配體驗溢價。高階客製化訂製、特色建築設計 |
| 15 | 培訓＋證書 | 身分資格溢價。MBA 教育、鋼琴檢定考試、職業資格培訓 |
| 16 | 介入供應鏈 | 入股供應商或共擔風險。豐田汽車、波音飛機 |
| 17 | ODM＋自有品牌 | 品牌輝映溢價，規模效益。 |
| 18 | 整機＋核心零部件 | 技術與市場雙重控制。 |
| 19 | 差異化服務 | 服務邊際成本遞減。海底撈、海爾 |
| 20 | 自營＋平臺 | 品牌與流量共享與增強。 |
| 21 | 產品＋VIP 會員 | 固化高階客戶。航空公司、高爾夫球場、高級會所 |

## ■ 2.1.2
## 透過三端定位為產品組合找到一個適合的市場位置

　　嚴謹而言，上述實施產品組合差異化還不是產品定位。或者說，對產品組合差異化還只是一種主觀意義上的產品定位；或者說，它只是產品定位的一部分內容。產品定位並不如想像的那樣簡單！對產品組合差異化後，還會有很多導致定位失敗的問題。例如：對產品的主觀想法或這樣設計產品組合，客戶未必買帳或者不能形成持續穩定的銷售。也可能有客戶購買，但由於競爭導致企業長期不能營利。還有可能這樣的產品組合找不到合作夥伴，導致產品製造不出來等。

　　要避免以上問題的出現，就必須對產品組合進行客觀意義上的定位，在 T 型商業模式中叫作三端定位。三端定位採用的主要工具是 T 型商業模式的定位圖，也可以稱之為三端定位模型，見圖 2-1-1。

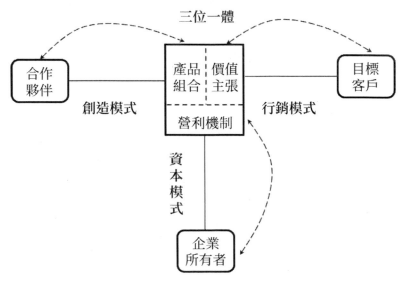

圖 2-1-1 三端定位模型示意圖

　　如圖 2-1-1 所示，三端定位模型共有六個要素，可以分為兩組：目標客戶、合作夥伴及企業所有者是一組，代表商業模式的主要交易主體；價值主張、產品組合、營利機制是一組，代表各個交易主體的利益訴求。

　　所謂三端定位是指從目標客戶、合作夥伴、企業所有者三個交易主體（T 型商業模式的三端）的能力資源及利益訴求出發，協同一體對產品組合進行市場定位。透過三端定位，為產品組合找到一個適合的市場位置。

　　在已出版書籍《T 型商業模式》章節 5.1 中有一個三端定位原理，可以說明三端定位模型所依據的基本原理。三端定位原理的意思是：對產品組合定位是商業模式定位的主要內容。定位是建立或改善產品組合的一系列評估、合作的行為，可以從目標客戶、合作夥伴、企業所有者等利益相關者的任何一端開始，並與另外兩端協同一致，最終達到創造模式、行銷模式和資本模式所屬構成要素的協同合作。這裡的利益相關者與交易主體意思差不多，利益相關者還包括產業競爭者、替代品競爭者等，它比交易主體的範圍更大一些。

　　根據三端定位原理，無論從目標客戶、合作夥伴、企業所有者中的任何一端開始為產品組合定位，都要與另外兩端協同一致。三端定位是對產品組合差異化的進一步評價和改善，以便為它們在市場上確立一個有競爭優勢的位置。我們在進行產品組合差異化時，由於主觀認識的局限，通常不會周全地考慮並滿足全部交易主體的訴求。也就是說，主觀的產品組合差異化通常是單端定位，而不是三端定位。

　　例如：STP 理論是從目標客戶需求出發，來確定企業的產品組合。客戶需要什麼，企業就做什麼！產品思維、產品經理的相關理論也是這

個邏輯順序。但是，有些目標客戶的需求，並不能轉化為企業的產品組合，原因是企業不具備開發、製造這個產品的能力或者不如競爭對手在這方面更有優勢。像高階晶片等高科技產品，如果用 STP 理論為企業開發新產品或開拓新專案進行定位指導，就會帶來巨大風險。

企業家的豪情萬丈也是一種單端定位。從三端定位模型來看，它是從企業所有者這一端發起的產品定位。

對於三端定位來說，價值主張、產品組合、營利機制之間是三位一體的關係，任何一個都不可缺失或割裂。也就是說，一個產品組合既要企業與目標客戶合作能夠創造出來，也要有差異化的價值主張能夠很好地滿足目標客戶的需求，還要具備營利機制為企業所有者創造價值。只有這些交易主體的利益訴求達到了三位一體，產品組合定位才可能成功。為了加強說明效果，本章第 2 節列舉了四個成功實施三端定位的案例，第 3 節列舉了三個不太符合三端定位的案例。

根據三端定位原理，為產品組合定位是一系列循環往復的多要素協同活動。建構一個創新的產品組合，是一個不斷改進與改善的過程，不僅起初要對產品組合進行差異化，而且透過三端定位模型或根據三端定位原理，還要不斷地改善和改進產品組合。產品組閣中有新產品，這個新產品要不斷更新換代；產品組閣中新增了新成分，新舊成分之間要不斷磨合改善等。

闡述至此，三端定位中似乎沒有考慮到競爭對手的存在。其實，在最初對產品組合差異化時，就要用五力分析模型等工具分析產業結構中的競爭力量。所謂差異化，就是讓企業的產品組合與競爭者的有所不同。在三端定位中，每一端定位都要考慮到競爭對手的影響。創造產品組合時，要與競爭對手有所不同；設計價值主張時，要獨特而有亮點，比競爭對手的

產品更有吸引力；建構營利機制時，要有護城河和保護壁壘。三端定位的重點還是在各方交易主體的利益訴求達到三位一體，同時避開與強大競爭對手的直接競爭。三端定位也是為產品組合聚集相關合作力量。雖然競爭不可避免，但是當合作力量大於競爭力量時，競爭就不可怕了。

## ■ 2.1.3
## 透過不斷改善疊代，讓產品組合在市場環境中存續下來

產品組合差異化與三端定位模型是商業模式定位理論性的一面，而現實情況與理論探索常常存在一定差距。並且，當產品組合推向市場後，有可能引起競爭對手的打壓或模仿，目標客戶的需求也會有所改變，企業自身的資源能力也在不斷變化等。這些相關的內外部環境因素一直在變化。只有透過不斷改善疊代，產品組合才能在市場環境中存活下來。關於如何對產品（產品組合）進行改善疊代，可以參考精益創業、產品經理等相關理論的具體闡述。

有個說法叫作「定位定天下」！可見，在企業創立期商業模式定位有多重要！綜上所述，商業模式定位主要是對產品組合定位，它包括三個部分：產品組合差異化、三端定位、改善疊代。

# 2.2

## 案例分析：吉列／ Nike ／邏輯思維／ MINISO

**重點提示**

※ 為什麼吉列「刀架＋刀片」組合能提高顧客忠誠度？

※ Nike 運動鞋如何能做到「高售價＋低成本」？

※ 邏輯思維有哪些營利的門道？

　　本節以吉列、Nike、邏輯思維和 MINISO 四個公司為實例，來協助我們理解三端定位的內在原理。吉列與 Nike 是兩個美國企業，它們都是各自領域中的龍頭，都屬於產品製造類企業，也都是各個產業中商業模式創新的典型案例。邏輯思維和 MINISO 是兩個中國企業或中國人創辦的企業，它們只有不到 10 年的經營歷史，分別屬於知識付費和新型零售市場，透過商業模式創新都成為獨角獸企業。

### 案例 1：吉列公司完全掌握了全世界男人的鬍子

　　顛覆式創新很了不起！例如：數位相機替代了底片相機，智慧型手機替代了功能型手機。20 世紀初，美國人吉列也進行了一次顛覆式創新，將原來笨拙的整體式刮鬍刀拆成了刀架與刀片分離式刮鬍刀。雖然這也不算什麼厲害的技術，是任何一個鉗工或打鐵匠都可以弄成的事，但是吉列先生把它做成了一個跨國公司。1917 年，吉列的刮鬍刀片銷售

了 1.2 億片，在美國市場占有率達 80%。2005 年初寶潔以 570 億美元收購吉列時，吉列刮鬍刀的全球市場占有率達 65%。難怪有人說「吉列公司完全掌握了全世界男人的鬍子」。

　　「刀架＋刀片」組合是一個經典的商業模式創新，它是蘋果手機、雀巢咖啡膠囊等諸多商業模式創新的祖先。下面我們用三端定位的六個要素及相關原理來評價一下吉列的商業模式，見圖 2-2-1。

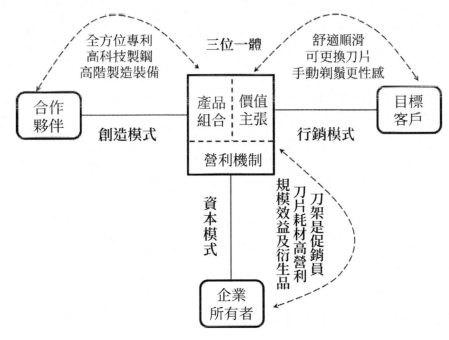

圖 2-2-1 吉列「刀架＋刀片」產品組合三端定位模型示意圖

　　1901 年之前的整體式刮鬍刀，雖然能用好多年，但是刮幾下鬍鬚就要磨一下刀，所以那個時期的男人要麼學會磨刀，要麼到理髮店花錢刮鬍，否則就要滿臉長著大長鬍子。瞄準那個時期男人的需求，吉列先生發明了刀架與刀片分開的新型刮鬍刀，並隨後創辦了美國吉列公司。他將造型優美的刀架賣得很便宜或促銷贈送，但一次性刀片價格較高。吉

列的刀架與刀片構成專用配對，不與其他相容，所以擁有刀架的人就要持續購買吉列的刀片。

　　吉列產品的目標客戶起初是美國成年男性，很快拓展到其他已開發國家的成年男性，再後來瞄準全世界的男性和女性。吉列「刀架＋刀片」產品組合含有的價值主張首先解決了當時目標客戶刮鬍的需求，然後吉列公司持續鉅額投入技術創新，不斷推出更舒適順滑、極致好用的可更換刮鬍刀片，堅持讓目標客戶愛不釋手，心無旁騖。面對電動刮鬍刀的替代衝擊，吉列透過改善產品設計、請明星代言等措施，又塑造了使用吉列產品手動刮鬍更性感的新價值主張。

　　備受顧客喜愛的吉列「刀架＋刀片」產品組合，其品質保證源自其擁有世界一流的製造裝備、管控體系和高階材料合作夥伴。吉列刀片生產工廠的高科技裝備堪比宇航裝置製造工廠的科技水準與層次。在刀片用鋼方面，吉列的主要合作夥伴是一家瑞典高科技制鋼公司。為了向川普政府申請關稅豁免，吉列的申請書中有這樣一句話：「我們與瑞典供應商共同開發一款非常特殊的鋼材，並以此原料為基礎製成高品質產品，而這正是我們品牌成功的關鍵因素。」

　　「刀架＋刀片」產品組合含有的營利機制有什麼值得我們借鑑之處？刀架便宜但發揮著促銷和持續促進客戶購買刀片的職能；刀片專用且毛利率高，具有高體驗且價格敏感度低，屬於長期耗材，銷售量大，具有規模經濟效應。「刀架＋刀片」是一個產品組合，顧客一旦使用吉列的產品，就自然成為忠誠客戶，源源不斷地為吉列貢獻利潤。吉列不僅有先發優勢，而且企業所有者（簡稱「企業」）不惜投入巨資進行技術創新和產品開發，不斷為技術創新申請專利，一道一道的專利保護讓競爭者不能輕易進入。例如，吉列公司於 1998 年推出的鋒速 3 新型刮鬍刀，花了

六年研究時間，耗費了十億美元開發成本，申請了「全副武裝」式保護的各種專利。

　　透過以上簡要分析，我們看到吉列「刀架＋刀片」產品組合與含有的價值主張、營利機制形成了三位一體，也分別高度滿足了合作夥伴、目標客戶和企業所有者的利益訴求。以這樣的差異化產品組合及優異的三端定位為基礎建構的商業模式，與優秀的經管團隊和正確的策略規劃共同形成了一個卓越的企業營利系統。

### 案例 2：Nike 運動鞋如何做到「高售價＋低成本」？

　　2019 財年，美國 Nike 公司淨利潤 40.29 億美元，產品毛利率達 45%以上。為什麼 Nike 公司如此賺錢？以三端定位分析，在於它的運動鞋產品做到了「高售價＋低成本」── 魚和熊掌實現了兼得，見圖 2-2-2。

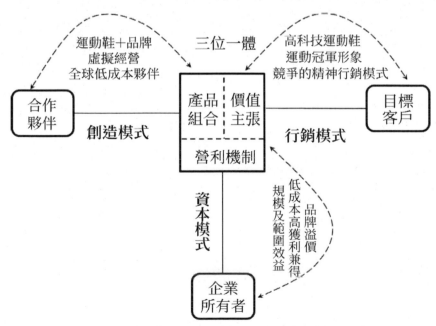

圖 2-2-2Nike「運動鞋＋品牌」產品組合三端定位模型示意圖

以產品模組組合這類產品組合來分析，Nike 的運動鞋產品可以拆分為「運動鞋＋品牌」組合。Nike 透過虛擬經營，自己主要負責開發、行銷、塑造品牌，而將產品製造等附加值低的價值鏈環節轉移給合作夥伴。Nike 還不斷尋求並開發勞動力成本低廉國家和地區的合作夥伴，例如中國、越南等，以此來保證低成本的優勢。

在「運動鞋＋品牌」產品組閣中，Nike 注入了以下吸引目標客戶購買的差異化價值主張：① Nike 屬於高科技運動鞋。Nike 以強大的開發投入保證產品具有高科技元素、品質優良、設計領先。例如，首創的氣墊技術製造出的運動鞋可以很好地保護運動員的膝蓋；採用類似於汽車渦輪增壓技術製鞋可以節約人體的運動能量。②全球著名的體育運動品牌。Nike 的產品不僅是一雙運動鞋，裡面還有一個體育冠軍形象、一種競爭取勝的精神，它們共同形成了 Nike 的產品組合及價值主張。

從營利機制分析，Nike 運動鞋的售價是普通品牌同類鞋售價的 3 ～ 5 倍，與低成本結合起來，企業就會產生超額品牌溢價利潤。Nike 運動鞋品牌成功後，然後圍繞 Nike 品牌衍生運動產品開發並積極拓展全球市場，這樣又可以做到規模效益與範圍效益協同兼得。在與同行競爭時，Nike（企業所有者）只言科技創新、品牌形象，不利用低價進攻，逐漸構築了牢不可破的產品組合護城河。

### 案例 3：邏輯思維「免費＋收費」產品組合的三端定位解析

創辦於 2012 年的邏輯思維是一家知識付費平臺公司，旗下得到 APP 成立 3 年使用者突破了 3,000 萬。知識付費專案門檻低，大小競爭者不計其數，憑什麼邏輯思維能持續營利並作到產業領先，成為知識付費產業中的獨角獸？

　　邏輯思維以「免費＋收費」產品組合為特色，見圖 2-2-3。有人說了，免費不就是為了補貼與促銷使用者嗎？誰不會打價格戰呢！商業模式的免費與行銷的免費是真的不一樣。行銷的免費是短暫的促銷活動，而商業模式的免費是長期免費，已經屬於產品組合的一個構成部分。邏輯思維的創辦人與搭檔堅持每天以語音、圖文等形式，在 APP 及各大平臺上播出多個免費知識分享節目。邏輯思維的收費專案有哪些呢？「網路商城＋網路課程＋線下培訓」等。成立幾年來，邏輯思維一直在擴充自己的免費及收費專案（或產品）數量，其中免費專案只是緩慢且很少量的增加，而收費專案一直在大幅地呈指數級增加。在收費專案方面，邏輯思維在全球尋找優質合作夥伴，以確保自身的輕資產營運及由此協同產生的快速擴張能力。

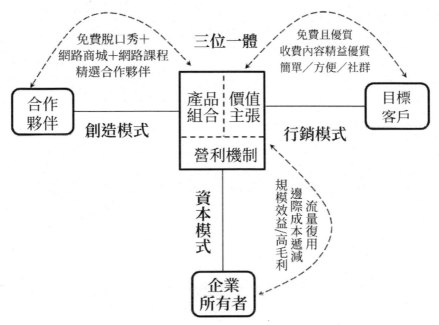

圖 2-2-3 邏輯思維「免費＋收費」產品組合三端定位模型示意圖

第 2 章
創立期：產品組合如何定位？

　　當今社會，青少年以上年齡的人幾乎每人有智慧型手機。他們透過網路連結外部的資訊世界，也就可以是知識付費的潛在使用者。在充滿發展機會的時代，勤奮而好學的人們都會有透過知識改變命運的強烈願望。因此，知識付費的目標客戶廣博而浩瀚。邏輯思維「免費＋收費」產品組合有哪些吸引目標客戶的價值主張？①滿足人們對知識產品「免費且優質」的需求。對於每天例行的免費知識分享，邏輯思維確保內容優質並結構合理，植入行銷但不至於讓人生厭。②精選並精益製作付費網路課程和線下培訓課程，確保比競爭產品有更高的性價比和更好的客戶體驗。③讓網路商城的實物產品與知識文化元素融合。

　　邏輯思維的營利機制是這樣的：①每天的免費知識分享屬於非實物的數位產品，閱聽人可以無限擴張，1 人收聽與 1 億人收聽成本幾乎一樣，所以邊際成本趨於零。②網路收費課程售價不變，而邊際成本遞減。例如，「經濟學課」是邏輯思維幾百門網路課程中比較受歡迎的之一，訂閱使用者數超過 40 萬人，每人付費 800 元，單這一門課一個學期就為邏輯思維創造收入約 32,000 萬元。一人付費聽課與百萬人付費聽課，邏輯思維付出的成本相差無幾，但是獲得的收益卻有天壤之別。③巨大流量和核心能力順帶可以成就線下培訓較高收費及網路商城銷售高毛利產品。

　　產品組合差異化有競爭優勢，三端定位正確並不斷改善疊代，先驅者也無巨大策略失誤，而時間不可倒流，所以讓後來者模仿式超越的機會變得渺茫。邏輯思維（企業所有者）利用先發優勢，將經管團隊、合作夥伴、會員粉絲（目標客戶）等屬於交易主體的系統要素有機連線在一起，透過不斷協調實現共贏，保證利益一致，已經建構出了有利於企業發展的系統競爭優勢。

**案例 4：MINISO「熱門商品＋近似名牌」產品組合的三端定位解析**

　　雖然時代變遷了，但是熊彼得的組合創新理論一直在熠熠生輝。2013 年，葉國富透過組合創新，也創造了一個新零售商業模式——MINISO。MINISO 借鑑了大創、UNIQLO、無印良品等日本知名品牌的外在表現形式，並吸收了美國零售大廠 Costco 的關鍵經營核心。MINISO 創立 5 年進駐 80 多個國家和地區，全球開店 3,600 家，年營收超過 25 億美元，不折不扣是一個飛速發展的零售業態中的獨角獸企業。

　　外行看熱鬧，內行看門道，MINISO 的三端定位特色見圖 2-2-4。

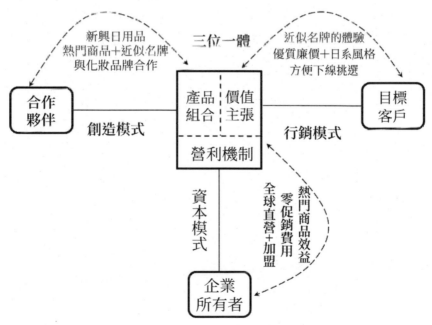

圖 2-2-4 MINISO「熱門商品＋近似名牌」產品組合三端定位模型示意圖

　　MINISO 在全球各地經營新日用品小店，它屬於零售服務業。售賣服務意味著促進客戶體驗。如果把服務當成一個整體產品看待，那麼分析服務類企業的產品組合就應該從產品構成模組入手。與餐飲店類似，

第 2 章
創立期：產品組合如何定位？

零售店的構成模組包括貨品、服務、地段、店面風格、品牌形象等諸多顧客體驗因素。MINISO 的主要特色模組是與全球優質合作夥伴一起，將店內貨品打造成高性價比的熱門商品，將品牌形象塑造成一個基本統一的近似名牌，即它的產品組合為「熱門商品＋近似名牌」。

　　MINISO 的目標客戶以女性為主，主要為新中產或準中產階級。此類客戶群體喜歡逛街，願意花時間貨比三家。他們對洗護、數位配件、家居等「新日用品」的產品品質要求較高，希望貨品設計美觀、獨樹一幟並有名牌感覺，同時也希望這些物品的售價要越低越好。MINISO 的產品組合正是含有了這樣的價值主張，從而讓供給與需求如同乾柴遇到烈火，雙方交易一拍即成。例如，店內銷售的名創冰泉瓶裝水，屬於自主設計、獨樹一幟的產品，每瓶售價約新臺幣20元，一年銷售多達6,000萬瓶；與化妝品公司合作生產的眼線筆只要 50 元（原品牌售價 400 元左右），一年銷售 1 億多支。

　　當售價確定時，要讓營利機制發揮有效作用，就必須降低成本。MINISO 透過智慧化地建構極致供應鏈、有效管控 SKU 數量、迅速全球開店、打造高性價比熱門商品、零促銷費用等多管齊下，以規模效應讓貨品成本和分攤的管理費用等不斷地策略性地降低。為彌補快速擴張所需的資源與能力不足，MINISO（企業所有者）一手加盟另一手直營，以金融創新促進加盟店數量的快速成長，又以加盟店的加盟費和保證金所形成的沉沒成本（sunk cost）促進直營店的穩定擴張。

　　透過以上四個商業模式創新實例，可以看出：一個可行的商業模式，目標客戶、合作夥伴及企業所有者三端利益缺一不可，價值主張、產品組合及營利機制三位一體不可分割。它們就像一個風扇的三個葉片，缺少任何一片，整體都不能順暢運轉起來。

# 2.3

## 「互聯網＋咖啡」／網路買菜：為什麼不容易成功？

**重點提示**

※ 為什麼說「互聯網＋咖啡」很難形成核心競爭力？

※ 網路買菜有哪些營利困境？

### 案例 1：每人都要喝一杯網路咖啡嗎？

星巴克創辦人霍華·舒茲（Howard Schultz）說：「星巴克不是一家簡單的咖啡館，而是透過咖啡這種社會黏著劑，為人們提供聚會場所的第三空間。」家為第一空間，職場為第二空間，許多人把咖啡館作為家和職場以外的最佳休閒去處。第三空間的定位讓星巴克的生意大紅大紫！2018 年，星巴克全球門市數接近 3 萬家，平均每週有 3,000 萬人光顧星巴克。

「網路」似乎無所不能，但真的可以所向披靡嗎？2018 年 3 月，瑞幸創業團隊攜 10 億資金高調入場，透過網路演化行銷跨界，一年開出 2,000 多家咖啡店。瘋狂補貼了 18 個月後，瑞幸咖啡在納斯達克（NAS-DAQ）上市了。從創立到成功 IPO（Initial Public Offerings，首次公開發行），只用 18 個月，上市當日市值 47 億美元，似乎重新整理了從零創業到 IPO 的金氏世界紀錄。

## 第 2 章
## 創立期：產品組合如何定位？

　　與星巴克的第三空間消費場景不同，瑞幸咖啡主打 APP 消費場景，利用網路演化行銷，持續發展推薦好友送飲料活動，創立一年賣出了近 9,000 萬杯咖啡。2018 年 9 月，瑞幸咖啡與網路媒體公司簽署策略合作協定，雙方共同探索影像識別、臉部辨識付款、機器人配送等高新科技在瑞幸智慧門市的應用，並發展出更多的行銷方法，例如：團購買咖啡、咖啡金融、咖啡紅包等都是「互聯網＋咖啡」後的新玩法。

　　瑞幸咖啡如此迅速俐落地 IPO，激發了一大批創業者和投資者加入的熱情。尤其對有海外背景的創業者及資本而言，咖啡非常符合一個好創業或好投資的標準 —— 容易理解、市場空間大、毛利高，還容易規模化複製。

　　從 T 型商業模式的三端定位來看，咖啡的創造模式不複雜，見圖 2-3-1。從咖啡豆到製成一杯咖啡，每個人都可以，何況現在還有咖啡膠囊、咖啡粉餅及即溶咖啡，即使懶人也能瞬間喝上自己沖製的咖啡。從資本模式看，創立一間咖啡店也沒有什麼困難，需要的能力和資源都不稀有。最終，咖啡生意的創業難度似乎在行銷模式。瑞幸咖啡砸了 10 億補貼，利用網路 APP 進行演化行銷，同時改變了產業的成本結構和營運效率，實現了不走尋常路的突破。但是，現有咖啡店生意並不好，它們的產能還有大量空置。假如再衝進來幾個像瑞幸咖啡一樣的「野蠻人」，供給還會增加許多倍。在許多國家，利用網路行銷及基礎設施賦能，透過降低成本、提升營運效率勝出，競爭者很容易學會，還算不上核心競爭力。

　　通常對於消費品創業來說，難以模仿的是產品組合內含的價值主張，但是咖啡作為一個農產品，做出獨特的價值主張又是難上加難的事。沒有獨特的價值主張，從業者都聚集在價格上競爭，最後誰也賺不到錢，「互聯網＋咖啡」又能怎樣！

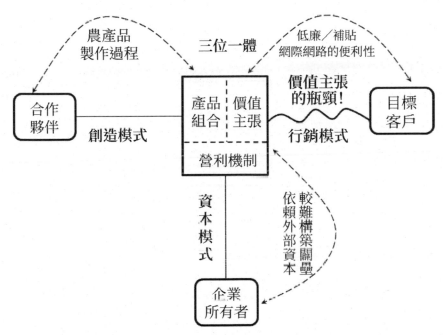

圖 2-3-1 「互聯網＋咖啡」的價值主張瓶頸示意圖

## 案例 2：網路買菜這樣的創業值得做嗎？

在全球，網路買菜又成為創業熱潮。顧客透過買菜的 APP 下單買菜，公司的外送員負責送菜上門。

2018 年開始，前置倉就很紅！無論是生鮮創業企業，還是零售大廠，都在入局，比較有代表性的企業有 Uber Eats、momo、PChome 等。簡單來說，前置倉是在消費者所在的社群旁邊設立一個小型倉庫，消費者用 APP 下單，商家就可以快速（約 30 分鐘）送貨。

前置倉屬於基礎設施建設。一個生意是否能成，本質上還是要看商業模式，見圖 2-3-2。

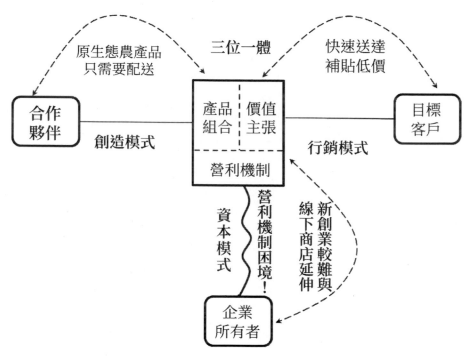

圖 2-3-2 網路買菜營利機制困境示意圖

從創造模式來看，蔬菜水果都是農產品，原生態最好，盡量不要新增什麼創造性元素。網路買菜及生鮮創業，創業者能做的事就是改善供應鏈、提高配送效率。從行銷模式來看，蔬菜水果是目標顧客的高頻需求，每天都需要，少一餐也不行，這一點會吸引創業投資瘋狂湧進來。

如果競爭者都在進行前置倉，提升配送效率，也就沒有什麼特別之處了。況且一窩蜂上馬，倉庫租金就會上漲；大家都做一樣的建設，前置倉就會有閒置。前置倉帶來成本上升，但是 APP 買菜客單價不高，冷鏈物流與倉儲成本不菲，損耗嚴重，糾紛較多，還要及時配送，商家的利潤從哪裡來？如果從三端定位分析，網路買菜商業模式中的營利機制很難成立。

## 2.3 「互聯網＋咖啡」／網路買菜：為什麼不容易成功？

　　2018 年以來，一些國家的蔬菜店、水果店逐漸多了起來。顧客進店隨意挑選，逛街時順帶買一點蔬菜生鮮，這也許是效率最高、體驗最好的一種「配送」方式。網路買菜的新入局者不僅要面對同業競爭、潛在進入者競爭，還要面對大街小巷的蔬菜店、水果店等「地面部隊」的圍追堵截。用五力分析模型再深入分析一下，網路買菜涉及的顧客及供應商也不好惹，再加上生鮮、蔬菜這些產品本身帶來的儲藏、配送、損耗問題，網路買菜這麼巨大的賽道能出幾個新的獨角獸呢？

## 2.4

# 這麼多定位理論，如何發揮它們的聚合作用？

　　在企業創立期或後續的新產品開發時，都需要進行產品定位。迄今為止，定位理論層出不窮，創新成果讓我們獲益匪淺。

　　關於定位還不止這些，藍海策略、平臺策略、熱門商品策略、產品思維、品牌理論、STP 理論等分別從不同方面探討如何創造出產品差異化或如何讓顧客感受到產品的差異化。因此，它們都屬於定位理論大家族中的一員。

　　傑克‧屈特定位如何操作？該理論有其獨特精深的一面，但化繁為簡來說，就是設計一句特別的廣告語或一個影像符號，讓產品在消費者大腦中定位，從而實現與眾不同。它的優點是看起來特別簡單，適用於飲料、保健食品等消費品定位。例如，為黑松公司設計的定位廣告語「喝水不夠，喝 FIN 就好」，為 VIVA 萬歲牌設計的定位廣告語「不是萬歲牌，我可是不吃的喔！」以 T 型商業模式視角，該定位屬於行銷模式中的差異化方法 —— 讓顧客感受到產品的差異化。

為什麼將藍海策略也歸為定位理論？它是一種讓產品實現差異化的方法——避開競爭市場，發現新的目標客戶群體。透過價值創新，為目標客戶提供非常適配的差異化產品。藍海策略非常崇尚的價值創新，就是透過產品創新，改變其價值主張，以更適合目標客戶的需求。從 T 型商業模式視角來看，藍海策略屬於創造模式與行銷模式協同下的產品差異化創新。為什麼一個案例既屬於商業模式創新也屬於策略創新活動？因為以前關於產品定位的內容屬於策略「管轄」範圍。在現代視角來看，尤其在本書中，已經將它歸為商業模式定位的核心內容。

平臺型企業居於大量供方與眾多需方之間，提供的是仲介貿易服務。如果將服務看成一個整體產品，應該用產品模組組合的定位方法，以實現平臺類產品的差異化。例如章節 2.2 案例中講到的 MINISO 就是一個平臺型企業，它的創新商業模式及實施差異化競爭的方法值得借鑑。從 T 型商業模式視角來看，平臺策略的重點應該是如何為平臺型企業進行差異化定位，在激烈的市場競爭中建構並鞏固自己的生態圈，核心關注點是產品或產品組合的差異化，以及產品組合、價值主張和營利機制如何實現三位一體。

熱門商品策略的實踐案例更多來自小米手機公司及其生態鏈企業。工業 4.0 是產品客製化定製的工業網路解決方案，熱門商品策略反其道而行之，倡導低成本差異化的大規模製造與銷售。從 T 型商業模式視角來看，熱門商品策略的執行需要創造模式與行銷模式協同一體，適合有巨大流量或特定能力與資源的企業進行產品差異化定位。

產品思維與行銷 4P 中的 Product 思維有點不一樣，它更強調圍繞客戶需求開發產品，不斷改進與疊代產品。目前的產品思維是一個開放的系統化思維，用於識別客戶需求及產品創新與疊代的各樣理論都可以是

產品思維的工具或方法論。從 T 型商業模式視角來看，產品思維的核心內容是圍繞客戶需求不斷對產品進行差異化創新，是一種邊界開放的眾說紛紜的系統化產品定位方法。

品牌理論也是一種實施產品差異化的方法。有品牌與無品牌就是不同的定位；提供同一產品的不同企業其品牌定位是有差異的；同一企業對不同等級的產品也會進行品牌差異定位。自 1950 年美國奧美廣告公司（Ogilvy）首次提出品牌概念以來，品牌理論已經得到不斷改善、豐富和創新。以 T 型商業模式視角，品牌產品是一個產品組合，可以看作是「產品功能＋品牌形象」的組合。例如：從產品功能上看，Nike 運動鞋具有優異的透氣、舒適、助力、抗震等特色功能；從品牌形象上看，Nike 產品中含有一個體育冠軍形象、一種競爭取勝的精神。

STP 定位理論最早由美國行銷學家溫德爾・史密斯（Wendell Smith）在 1956 年初步提出。此後，經過美國行銷大師菲利浦・科特勒（Philip Kotler）進一步發展和改善並最終形成了成熟的 STP 理論。STP 定位有三個步驟：市場細分（Segmentation）、目標市場選擇（Targeting）和市場定位（Positioning）。STP 定位以顧客需求為導向，決定企業經營或創新產品的差異化方向。從 T 型商業模式視角來看，STP 定位屬於來自行銷模式的定位，至於產品能否創造出來及企業是否能營利並無重點提及。

哈佛商學院教授麥可・波特的競爭策略包含三大法寶：三種競爭策略、五力分析模型和價值鏈理論。正如本書章節 1.1 所述，三種競爭策略其實是對產品的概要性定位方法，可以表述為總成本領先產品定位、差別化產品定位和集中化產品定位。五力分析模型用來評判企業的產品在產業結構中是否具有競爭優勢，是一個重要的定位工具。價值鏈理論是實施三種競爭策略 —— 將產品定位晉級到商業模式的一個具體理論。

在產品競爭時代或從產品競爭思維出發，產生了包括但不限於以上列舉的諸多廣為傳播且實踐有效的產品定位理論。管理大師杜拉克說過：當今企業之間的競爭，不是產品之間的競爭，而是商業模式之間的競爭！

在商業模式競爭時代，需要定位理論同步更新。根據章節 2.1 中的相關討論，商業模式定位主要是對產品組合定位，它包括三個部分：產品組合差異化、二端定位、改善疊代。由此來看，當今商業模式的定位比產品時代的定位增加了維度和複雜度。究其根本來說，產品時代的定位理論屬於產品組合差異化的一種方法，並不是完整意義上的商業模式定位。

雖然說「歷史車輪滾滾向前，時代潮流浩浩蕩蕩」，但是經典理論並不過時，而是常學常新、常用常新。以上列舉的波特競爭策略、藍海策略、傑克・屈特定位、產品思維、品牌理論、熱門商品策略、STP 理論等，都是商業模式定位中進行產品組合差異化時非常有效的方法論。雖然它們有的冠以策略、有的歸為行銷、有的屬於產品開發管理，但是實質上都是讓產品與眾不同 —— 無論是透過創造模式讓產品差異化，還是透過行銷模式讓顧客感受到產品的差異化，歸根究柢都是讓企業的產品（產品組合）實現差異化。

# 2.5

## 不做風口上的豬，去孕育一匹「獨角獸」！

**重點提示**

※「颱風來了，連豬都會飛！」有幾個含義？

※ 為什麼說打造獨角獸企業是一項系統工程？

※ 創業初期，領軍人物重要還是團隊重要？

「颱風來了，連豬都會飛！」是一句西方諺語。

「飛豬理論」在《孫子兵法》中有同樣的表達：「故善戰人之勢，如轉圓石於千仞之山者，勢也！」翻譯成現代文：善於打仗者的致勝之勢，就像圓石從高峻陡峭的山上滾下來一樣，勢不可擋！

太多的創業者自信地把自己當成了善於打仗的人。團購風口來了，一下子湧進來 6,700 多個創業者，「萬團大戰」後都不見了；共享單車風口來了，一批創業者闖進去了，成為「先烈」；飲料店風口來了，隨便一條不太繁華的街道上，一公里內都能冒出 8 家飲料店……

阿里巴巴創辦人馬雲後來就說：「當風口過去了，摔死的一定是豬！」事實也是如此，創業模仿，追隨風口，倒下的企業太多了。所以，真要把創業當成事業，不宜做風口上的豬，應該去孕育一匹「獨角獸」。

創業從建構一個差異化的產品組合開始，然後去探索符合三端定位的可能性。如果產品組合滿足了三端定位，就可以建立願景去孕育一匹

「獨角獸」了。

　　打造獨角獸企業是一項系統工程，其前提是我們首先要有一個可供系統思考的「系統」。儘管本書第 6 章提出的慶豐營利系統充當了這樣一個角色 —— 這是筆者的毛遂自薦，但是一本書有其重點，不宜面面俱到。本書從 T 型商業模式與傳統策略理論協同出發，重點闡述了獨角獸企業在生命週期各階段的商業模式建構與進化發展情況。

　　除此之外，筆者發揮長期從事風險投資工作的優勢，對如何將創業公司孕育成一個獨角獸企業談一些補充看法。

　　單一產品是產品組合的簡單形式。創業之初，可以從單一產品開始思考、開發或創新。單一產品的機會主要在兩個方向，一個是消費品領域，另一個是高科技領域。

　　就消費品來說，單一產品受到認可後，然後就可以建構某種類型的產品組合。消費品的基本產品組合是「功能產品＋品牌形象」。消費品一般沒有什麼高科技壁壘，抵禦模仿及價格戰主要依靠塑造的品牌形象。消費品還可以透過多個產品搭配實現差異化形成營利機制，章節 2.1 的表 2-1-1 給出了常見的產品組合搭配、差異化特點與相關參考案例。

　　相比於實物產品，現代服務中的創業機會越來越多。通常我們不把服務看成一個單一產品，而是看作一個產品模組組合 —— 由模組組合而成的一個整體產品。章節 2.2 列舉了新零售企業 MINISO 的例子，下面再看一下餐飲服務的相關案例。

　　餐飲店的構成模組包括菜品、服務、地段、店面風格、品牌形象等諸多顧客體驗因素。如果夫妻二人開個小吃店，價格便宜，味道也可以，賺點辛苦錢，這就說不上什麼商業模式。麥當勞就不一樣，它有獨特的商業模式。連鎖經營只是它商業模式的一部分，地產盈利及供應鏈

收入只是它巨大顧客流量的衍生品。麥當勞能夠從美國的一個小城市走出來，從一家小型漢堡店成長為世界知名速食企業，成功的關鍵還是在於它的產品組合。相較於其他速食店，不僅麥當勞的服務、地段、店面風格、品牌形象等構成模組堪稱良好或優秀，而且它的菜品能給人安全衛生的感覺，味道也有點誘人，還經常推陳出新，不斷改善產品組合。

　　餐飲住宿、超商零售、交通物流等傳統服務業正在向現代服務業更新；網路金融、智慧醫療、5G 通訊、區塊鏈等新興產業革命湧現出的創新型現代服務業機會也越來越多。對於現代服務業的商業模式創新，起點也應該從產品定位開始。我們實施與現代服務業相關的產品定位時，可以將服務產品作為一個整體，聚焦目標客戶的核心需求與體驗，研究服務的構成模組，透過價值創新，重構產品組合內含的價值主張。

　　由於產業競爭或產業成熟等原因，導致越來越多商業模式創新直接從產品組合開始。例如，章節 2.2 列舉的邏輯思維案例，它創業時的產品組合為免費＋收費系列產品組合。由實踐案例總結而成的產品組合典型方案已經有上百種之多。創業者建構商業模式，可以借鑑已有的產品組合方案，也可以完全創新一個產品組合方案。

　　由點及面，從產品組合差異化上升到創業專案的成敗及能否成為獨角獸企業，我們再看看風險投資家怎麼從整體上看待一個創業專案的潛力。

　　風險投資家特別勤奮者每年閱覽商業計劃書可達上千份，實際接觸專案企業可達近百個。風險投資看中一個專案，不太在意它短期的盈利能力，投資入股也不是為了每年分一些利潤，而是看中一個專案未來的發展潛力，能否長成為獨角獸企業實現 IPO。風險投資機構的產品組合是被投資專案的股權，其營利機制是這樣的：當專案估值低時，投資入

股；當專案 IPO 或被併購後，賣出持有的股權。

不做風口上的豬，去孕育一匹「獨角獸」。除了本書已經闡述的內容和以上幾位知名風險投資家的投資心得和忠告之外，筆者再補充幾個涉及創業團隊、產業選擇方面的關注點。

①在創業團隊中，如何看待領軍人物的重要性？

初創期企業，一定是領導者做決策，而不是團隊。

儘管創業初期領軍人物更重要，但是從一開始創業就要打造團隊，否則企業發展不起來，因為對建立一個企業營利系統而言，一個人的能力與精力太有限了。

②選擇團隊成員或初始股東時，應該注意哪些陷阱？

英國作家奧斯卡・王爾德（Oscar Wilde）說，現代人知道一切事物的價格，卻對它們的價值知之甚少。

有些人學習、工作履歷光彩奪目，但是一點創業能力和態度都沒有；還有些人掛在嘴上的資源很多，看起來交友圈也很高大上，但不是實在的人脈，給團隊帶來的更多是麻煩；還有些人名頭很大，講話滔滔不絕，「語驚四座」，但是這些人一般不適合成為團隊成員或創始股東。

③技術出身的領軍人物應該如何修練自己？

首先，必須讓自己成為一個商人。轉變心智模式是非常痛苦的，但是選擇了創業，就必須成為一個合格的商人。其次，盡快培養全面性的策略思維，從以開發為中心逐漸轉換到以行銷或管理為中心。再次，正像黑石集團（Blackstone Group）創辦人彼得・彼得森（Peter Peterson）所說，當你面臨兩難選擇時，永遠選擇長期利益。這對大多數創辦人來說比較難做到，但是選擇錯了，創業的方向就錯了。

在產業選擇方面，筆者也給出三個注意事項。

①慎重進入所謂發展空間巨大的傳統產業。例如，咖啡產業看似發展空間巨大，實際是個沒什麼價值的產業，引得無數英雄競折腰。遇到產業選擇時，我們用五力模型分析一下，就能知道在這個產業創業靠不可靠。

②慎重進入低階且黑幕比較多的產業。有人說，還是有企業成功了不是嗎？這些產業大多是線上中間商，屬於平臺型商業模式，可以避免掉很多引火燒身的麻煩。像二手物資回收產業、部分工程或採礦相關產業、部分服務產業等，介入產業鏈很深時，就可能陷入進去 —— 麻煩多、官司多、陷阱多、應收帳款多。

③慎重進入交易成本比較高的產業。像節能產業的 EMC 模式（能源合約管理），看似將產業與金融業結合，利潤空間巨大，但是一直做不起來。原因在於節約的能源每月甚至每天需要計量確認，而計量的儀器儀表在客戶的管控範圍內。這樣的商業模式或交易結構設計，交易及溝通成本太高了。

創業選擇產業時，貫徹「不熟不做」的原則，盡量固守自己的能力範圍。這山望著那山高，盲目地跨產業、跨領域自信，最後大部分創業都會失敗！

# 第 3 章

## 成長期：如何持續創造顧客？

### 本章導讀

　　T型商業模式的創造模式、行銷模式及資本模式三者構成了一個飛輪成長模型。這裡用作比喻的飛輪是一個機械裝置，啟動時費點力氣，旋轉起來後就很省力，並且越轉越快。在創造模式、行銷模式及資本模式各自的構成公式中，蘊藏著實現創造、行銷、資本的第一性原理，並引用了安索夫、杜拉克、熊彼得的相關學說，進一步印證商業模式與策略、創新理論不可分割的連繫。為實現持續創造顧客，筆者提出的另一個成長模型是五力分析，以慶豐之「五力合作」消解波特之「五力分析」。

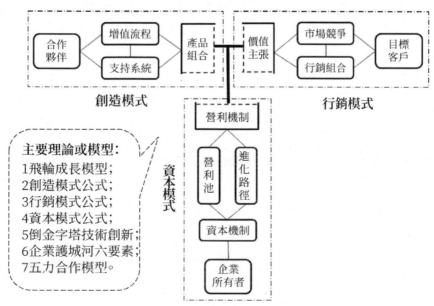

【第 3 章重點內容提示圖】實施成長策略的相關理論或模型

# 3.1

## 創造顧客：除了杜拉克提出的行銷與創新，還有第三者？

> **重點提示**
>
> ※ 安索夫的公司策略對於企業創造顧客有什麼啟發意義？
> ※ 資本如何對行銷和創新進行儲能、借能及賦能？
> ※ 獨角獸企業的成長原理是什麼？

就像 GPS 定位，我們有了初始位置，訂定一個目標位置，就可以向目標出發了。創業也是如此，對產品組合定位後，要實現進化成為獨角獸企業這一目標，企業進入成長期就要有一個成長策略。

關於成長策略，我們可以追溯到 1960 年代，看看企業策略的鼻祖安索夫先生是怎麼說的。在《企業策略》（*Corporate Strategy*）一書中，安索夫認為企業策略的四個構成要素是產品與市場範圍、成長向量、競爭優勢和協同作用。這四個策略要素是相輔相成的，它們共同決定著企業的「共同經營主線」。透過分析企業的「共同經營主線」，可把握企業的發展方向；同時，也可以正確地運用這條主線，恰當地指導企業的經營管理。

筆者認為，安索夫所說的「共同經營主線」類似於現在的「商業模式沿著策略路徑前進，實現策略目標」，它是本書第 6 章「企業營利系統」中重點要討論的內容。

　　成長向量是指企業經營發展的方向，換成商業模式語言就是：**從今天的產品組合沿著什麼軌跡達到未來時點的產品組合**。當時安索夫用一個成長向量矩陣（即安索夫矩陣，詳見章節 3.3）來闡述成長向量向前行進的可能選擇。安索夫矩陣的大致內容是：以產品和市場作為兩大基本面向，形成 4 種產品／市場組合的可能成長策略，即市場滲透策略、市場開發策略、產品延伸策略、多元化經營策略。今天來看，安索夫矩陣繼續有指導意義，商業模式中的產品組合也是依據以上四種策略進化發展的。

　　企業策略的主體內容是成長策略。傳統的策略視角認為，成長策略就是產品沿著成長向量，透過各種經營管理要素協同作用，發揮出競爭優勢，從而在市場上創造越來越多的顧客。

　　早在 1954 年出版的《彼得・杜拉克的管理聖經》（*The Practice of Management*）一書中，杜拉克指出：創辦企業的目的必須在企業本身之外，因此企業的目的只有一種適當的定義，就是創造顧客。為了創造顧客，企業必須建立兩項基本職能：第一是行銷，第二是創新。

　　進一步理解杜拉克的說法，行銷是對產品的行銷，將產品賣給有需求的顧客才是創造顧客；創新主要是對產品的創新，只有提供超越顧客期望的產品，才能持續創造顧客。結合上述安索夫企業策略四個要素中的競爭優勢、協同作用，我們可以有這樣一個推論：產品具備競爭優勢才能持續創造顧客，而競爭優勢至少是在行銷和創新這兩項企業職能協同作用下形成的。

　　當今企業的競爭，已經從產品之間的競爭更新到商業模式之間的競爭，行銷和創新從建構產品競爭優勢同步更新成為建構商業模式競爭優勢的主要內容。除了行銷及創新，資本也是建構商業模式競爭優勢的主

要內容。淺顯地說，透過資本補貼就可以直接創造顧客，資本還可以迅速放大企業的行銷能力。有了資本支持，可以購買最有價值的創新，甚至直接收購同業競爭者的公司——將競爭對手的行銷、創新及已有顧客一起收入囊中。資本的作用遠不止這麼簡單粗暴，它的重點在於扮演了為行銷和創新進行儲能、借能及賦能的作用，透過形成飛輪效應（詳見下文）讓創造顧客可持續，極大提升創造顧客的速度。

在 T 型商業模式中，將創新、行銷、資本三者轉換一下名稱，分別稱為創造模式、行銷模式、資本模式。商業模式的創新活動主要集中在創造模式中，行銷活動主要集中在行銷模式中，資本活動主要集中在資本模式中。

創造模式聚焦在創造一個好產品（產品組合），行銷模式負責把這個好產品售賣給目標客戶；行銷模式從目標客戶或市場競爭中獲得的需求資訊回饋給創造模式，然後創造模式對產品組合進一步疊代更新；行銷模式再把改進的產品組合售賣給更多的目標客戶……這樣的往復循環，既是一個調節回饋過程——對產品組合不斷更正改進，更是一個增強回饋過程——產品組合越來越改善，創造的顧客越來越多。

創造模式與行銷模式的積極合作循環，就會產生盈利及累積其他資本。產品銷售產生的盈利可以轉化為貨幣資本；重複購買及協助口碑傳播的顧客是企業的關係資本，協助創造的合作夥伴也是關係資本；同時人才成長、技術進步及其他經營管理提升就會形成企業的智慧資本。在資本模式中，從創造模式與行銷模式進來的資本累積被形象地稱為儲能的過程。與此同時，在產品組合發展與進化時，由於所需要資本的相關性及共享性，資本模式也會對創造模式與行銷模式賦能。並且，資本模式中的企業所有者還會透過股權或債權融資、股權激勵等資本機制為企

業發展引進資金和人才──形象地稱為借能。

　　資本模式與創造模式、行銷模式之間不斷循環發生的儲能、借能與賦能，疊加創造模式與行銷模式之間的增強回饋循環過程，就會在它們三者之間啟動創造顧客的飛輪效應──產品組合不斷進化，創造的顧客越來越多，累積的資本（儲能）越來越多，資本借能與賦能越來越增強，見圖 3-1-1。將 T 型商業模式概要圖與飛輪效應示意圖疊加在一起，稱之為飛輪成長模型。闡述到此，同時就回答了在安索夫的企業策略四要素中，產品的競爭優勢是如何形成的、相關經營管理要素如何發揮協同作用等問題；也延伸並充實了杜拉克關於「企業的唯一目的就是創造顧客」這一著名論點。

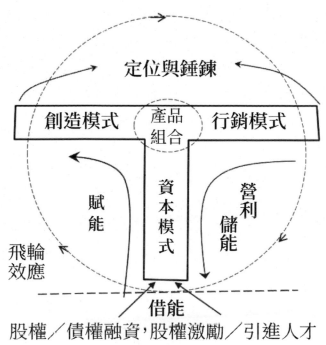

圖 3-1-1 T 型商業模式的飛輪成長模型示意圖

第 3 章
成長期：如何持續創造顧客？

結合第 2 章講到的商業模式定位，我們將更加能感受到，將定位、模式（2P）從策略 5P 中分離出來後，商業模式單獨成為一門學科的合理性。商業模式的定位主要是對產品組合定位，而模式主要是指創造模式、行銷模式與資本模式。圍繞產品組合定位，創造模式、行銷模式與資本模式三者合作，形成飛輪效應。在策略規劃的指引下，企業的成長循環便開始了。

當然，這裡的商業模式特指 T 型商業模式。筆者已出版的書籍《T 型商業模式》，透過引入諸多知名企業的實踐案例來說明創造模式、行銷模式與資本模式的構成原理和功能作用。尤其在該書的章節 1.4 中，詳細闡述了小米公司在成長期的創造模式、行銷模式及資本模式，以及它們圍繞產品組合定位形成飛輪效應、促進企業成長的原理。限於篇幅，僅把原書中與小米商業模式相關的三張示意圖引入到此，見圖 3-1-2、圖 3-1-3、圖 3-1-4。

根據馬太效應（Matthew Effect），如果一個企業能有可預期的美好未來，就會吸引風險資本、卓越人才及策略合作夥伴。風險資本希望投資優秀的企業，卓越人才可在全球範圍內選擇優秀的企業加盟，優秀的企業也會吸引同樣優秀的合作夥伴。這樣，在資本模式中，企業的資本來源是雙向的，一個是自身的資本累積，另一個是從外部引進的資本。

由於優秀企業引進外部資本的能力非常強，它們的資本模式就能更多、更快地對創造模式與行銷模式賦能。其結果是，從企業創立到飛輪效應形成，再到成長飛輪高速旋轉，所用時間越來越短。反之，如果這些企業是包裝或混淆出來的「優秀」，而實際上自身競爭優勢不足，儲能的能力遠小於借能，蘊藏的風險必然越來越大。確實有一些專案，由於資本的「催肥」作用，創業之後很快就成為獨角獸企業，但是又經歷不長時間，再次回歸到艱難生存狀態，更有一些獨角獸企業摔倒後就徹底失敗了。

### 3.1 創造顧客：除了杜拉克提出的行銷與創新，還有第三者？

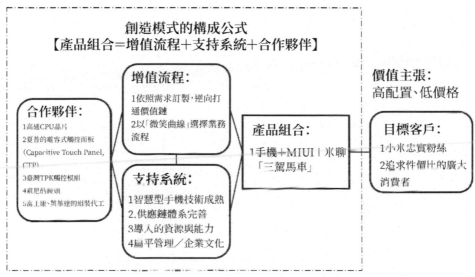

圖 3-1-2 小米手機的創造模式示意圖

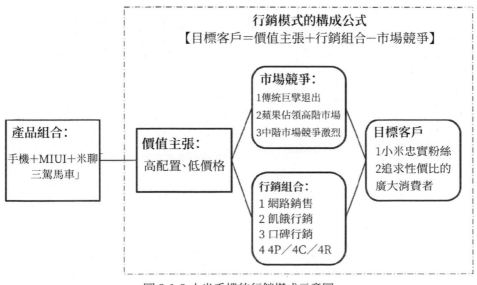

圖 3-1-3 小米手機的行銷模式示意圖

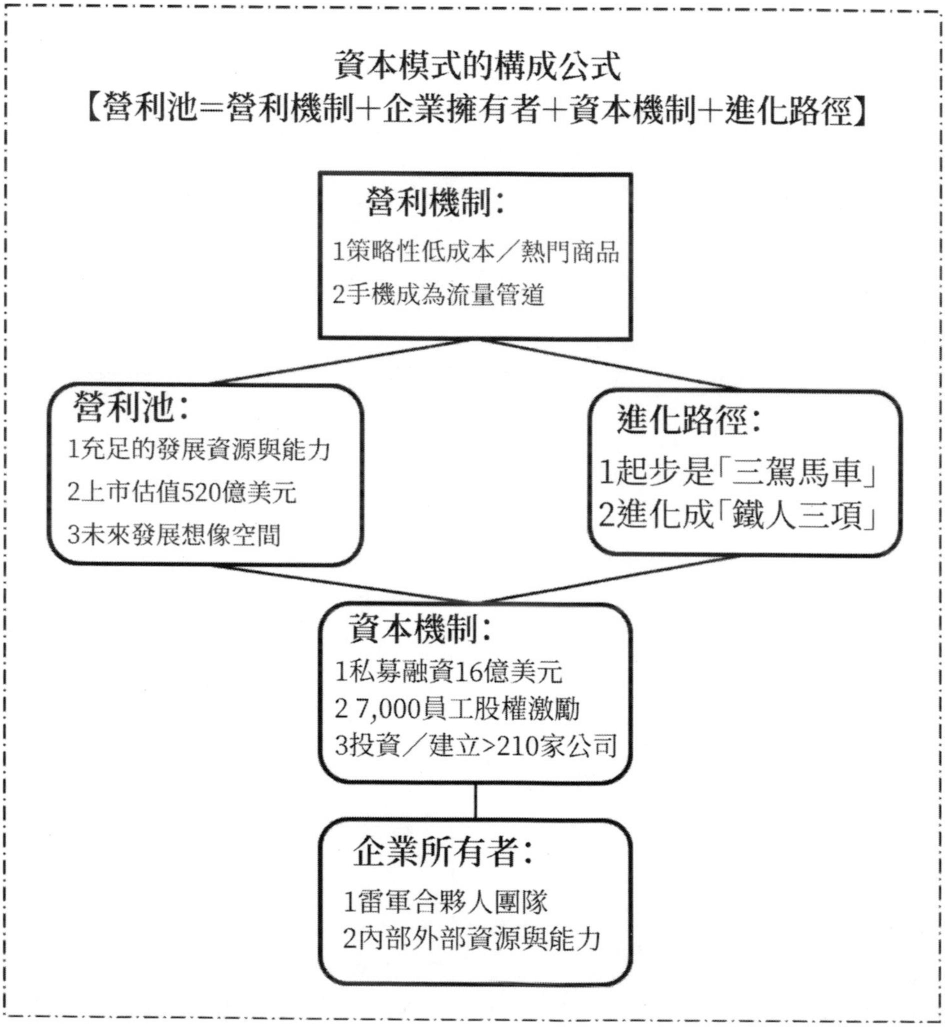

資本模式的構成公式
【營利池＝營利機制＋企業擁有者＋資本機制＋進化路徑】

**營利機制：**
1策略性低成本／熱門商品
2手機成為流量管道

**營利池：**
1充足的發展資源與能力
2上市估值520億美元
3未來發展想像空間

**進化路徑：**
1起步是「三駕馬車」
2進化成「鐵人三項」

**資本機制：**
1私募融資16億美元
2 7,000員工股權激勵
3投資／建立>210家公司

**企業所有者：**
1雷軍合夥人團隊
2內部外部資源與能力

圖 3-1-4 小米手機的資本模式示意圖

# 3.2

## 創造模式：從熊彼得的新組合到黑手創新、倒金字塔創新

**重點提示**

※ 嚴謹地說，技術創新與商業模式創新可以相互比較嗎？
※ 技術創新獲利比投機取利、經營套利有哪些難度和優勢？
※ 為什麼說中小企業應該更多借鑑德國及日本企業的「黑手創新」？

　　從創立期到成長期，企業發展貫徹一個成長策略。成長策略是一個可執行的行動計劃。它應該以產品組合定位為初始位置，以商業模式為驅動引擎，最終實現企業的成長目標。

　　商業模式是怎樣一個驅動引擎？T型商業模式由創造模式、行銷模式、資本模式三部分構成。上一節講到，它們之間發生循環增強回饋，就會啟動創造顧客的飛輪效應。本節及隨後的兩節，將分別介紹創造模式、行銷模式、資本模式的具體構成、連線原理以及它們在創造顧客促進企業成長方面的核心功能與作用。

　　創業要有一個好產品。在T型商業模式中，創造一個好產品主要在創造模式中完成。

　　曾有這樣一個問題：技術創新與商業模式創新哪個更重要？商界及學界諸多知名人士紛紛各抒己見，一度爭論不休。從T型商業模式視角，技術創新屬於創造模式中支持系統的核心內容，所以技術創新歸屬

於商業模式創新。商業模式創新不僅不排斥技術創新，並且優秀可持續的商業模式必然有強大的技術創新能力。

杜拉克曾說，要持續創造顧客，企業必須建立兩項基本職能：第一是行銷，第二是創新。在當今時代，這裡的創新主要是指技術創新。從商業模式營利的角度講，一種是投機取利，另一種是經營套利，還有最重要的一種叫作技術創新獲利。投機取利是短期行為，往往有違法違規風險；經營套利通常是中期行為，很多模仿者來了，套利機會就消失了；技術創新是長期獲利，因為技術創新是一個長期的系統工程，模仿者需要一個追趕過程，況且時間不可倒流 —— 馬太效應讓優者更優，強者恆強。

一個優秀的企業一定有優秀的創造模式。創造模式由四個要素構成，分別是產品組合、增值流程、支持系統、合作夥伴。可以用一個公式表達它們之間的連線關係：產品組合＝增值流程＋支持系統＋合作夥伴，轉換為文字表述這個公式：合作夥伴、增值流程、支持系統三者互補，共同創造出目標客戶所需要的產品組合，見圖 3-2-1。

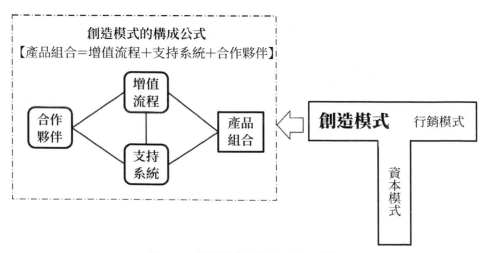

圖 3-2-1 創造模式的構成要素示意圖

　　商業模式的創新活動主要集中在創造模式。追根溯源，我們看看創新理論的鼻祖熊彼得怎麼說。在 1912 年出版的《經濟發展理論》(*The Theory of Economic Development*) 中，熊彼得認為，所謂創新就是要「建立一種新的生產公式」，即「生產要素的重新組合」(簡稱為「新組合」)。熊彼得進一步明確指出了「新組合」創新的五種情況：

- ⊙ 採用一種新的產品；
- ⊙ 控制一種新材料或零部件的來源；
- ⊙ 採用一種新的生產方法；
- ⊙ 開闢一個新的市場；
- ⊙ 實現一種新組織。

　　以上五點中前三點與創造模式中的四個構成要素創新有一致關係。下面具體解釋一下。

　　「採用一種新的產品」對應於創造模式的產品組合創新，即產品組合的差異化定位。本書第 2 章已經詳細闡述了這方面的內容，並列舉了很多實踐案例。在 T 型商業模式中，產品組合創新要符合三端定位，並不像產品思維相關理論只是強調「顧客需求及其痛點、癢點、尖叫點」等單維度的指標，而是對目標客戶、合作夥伴、企業所有者三方的價值需求並重思考，即：產品組合含有的價值主張是否能比競爭者更好地滿足目標客戶的需要；企業與合作夥伴能否共同創造出產品組合；產品組合含有的營利機制為企業所有者帶來了哪些資本累積，以及企業所有者如何為營利機制建構防禦壁壘。當然，像產品思維強調的「顧客需求及其需求、癢點、尖叫點」等內容指標，無疑是三端定位中目標客戶這一端最重要的創新內容構成。

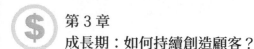
「控制一種新材料或零部件的來源」對應於創造模式中合作夥伴的關係創新。企業與合作夥伴之間的關係是一種重要的智慧資本。豐田汽車對核心供應商持股超過 30%，對特色部件供應商持股 10%左右。由於建立了這種資本紐帶關係，豐田汽車不僅加強了對核心零部件的掌控，而且在管理、技術、資金等方面給予供應商大力支持，促進供應商內部創新及相關合作夥伴之間的協同創新。隨著網路化平臺型企業的增多及傳統製造企業平臺化，原來企業內部密集的技術創新逐漸擴散並轉移到合作夥伴的創新活動中，聯合開發及合作創新也越來越多。

「採用一種新的生產方法」對應於創造模式的增值流程創新、支持系統創新。以現在的視野來看，熊彼得所說的「新的生產方法」，既包括價值鏈的創新 —— 創造模式中的增值流程創新，也包括技術創新 —— 屬於創造模式中支持系統的核心內容。

此處的增值流程近似等於波特的價值鏈。臺灣企業家施正榮發明的微笑曲線模型就屬於增值流程創新。對價值鏈環節進行不同的排列組合，就是增值流程創新。按照資產權重，增值流程創新有兩個方向：一個是輕資產方向，例如：依據微笑曲線模型所組合出來的價值鏈；另一個是重資產方向，例如：臺積電 5 年投資 500 億美元用於半導體晶片工藝的開發、生產。

支持系統可以理解為創造產品組合所需要的關鍵資源與核心能力。資本模式對創造模式賦能，重點是為其支持系統提供關鍵資源與核心能力，由此而持續促進企業的技術創新，從而為增值流程和產品組合提供強而有力支撐。企業的技術創新主要包括基礎科技創新、平臺模組創新、產品應用創新三個遞進層次，形成一個類似的倒置金字塔結構，簡稱為「倒金字塔創新」，見圖 3-2-2。

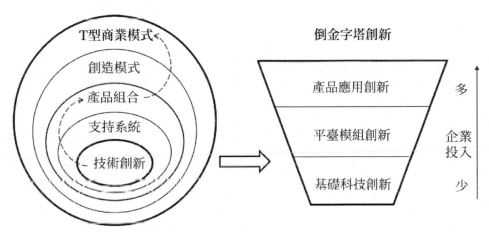

圖 3-2-2 技術創新與商業模式創新的關係／倒金字塔創新示意圖

　　以眾所周知的智慧型手機為例，基礎科技創新包括 CPU 微縮、超人頻寬行動通訊技術、記憶體、圖形處理、影像處理、觸控螢幕、安全、互動、系統操作等諸多基礎技術的創新突破。此外，手機是一個零部件模組整合的平臺，包括外殼、電池、處理器、記憶體、螢幕、陀螺儀、主機板、鏡頭等超過 200 個零部，其中很多核心零部件模組都需要不斷的技術創新與更新，這稱為平臺模組創新。手機整機廠商採購或部分自己開發這些零部件，然後進行產品應用創新，最後整合為市場上銷售的成千上萬種手機品牌和型號。

　　基礎科技創新一部分在大學和科學研究院所等專業研究機構完成，一部分由技術領先型企業完成。執行基礎科技創新的組織，可以採用專利許可盈利形式，也可以向平臺模組企業創新、產品應用創新延伸而獲得營利。從事平臺模組創新的企業，一般透過向下遊整機廠商出售零部件營利，也可以延伸到產品應用創新從而面向終端消費者出售整機。整機廠商直接面對顧客需求，以產品應用創新為主，但是為了構築防護壁壘及減少交易成本，也會向上游延伸進行平臺模組創新及基礎科技創

新，成為掌握核心科技及控制關鍵零部件的整機廠商。

　　許多中小企業並非一定要投入大量科學研究經費進行高新技術創新，而是可以借鑑德國、日本相關企業的經驗，進行低投入的中低技術創新，面向客戶需求持續提高產品競爭優勢。這些德國、日本的相關企業，經常採用一種混合創新的模式，以客戶需求為導向，將可用技術對現有產品進行微創新，透過持續改進以獲得更高的產品品質和效能。這些技術創新存在於精益製造和現場改進中，需要豐富的現場經驗，而非高深的理論知識，以商業機密和技術訣竅的形式存在，很難被競爭者模仿。這些技術創新通常由現場工程師甚至一線工人參與完成，他們的手上經常沾滿油汙，所以人們將這種創新形象地稱為「黑手創新」。

　　技術創新是創造模式中支持系統的核心內容。根據創造模式的公式「產品組合＝增值流程＋支持系統＋合作夥伴」，產品組合創新來自增值流程、支持系統、合作夥伴三者創新的疊加和協同作用。隨著市場競爭加劇、科技進步加快，技術創新在產品組合創新中發揮的作用將會越來越大，創造的價值或產生的效益將會越來越顯著！

　　從創立期到成長期，企業發展貫徹一個成長策略。企業只有不斷創新，才能讓產品具有獨特的競爭優勢，從而持續創造更多的顧客；只有不斷創新，才能建構起防護壁壘，讓企業的利潤區不斷擴大。

# 3.3

## 行銷模式：科特勒的《行銷管理》應該怎樣簡化？

**重點提示**

※ 為什麼說行銷模式公式是至簡的市場行銷學第一性原理？

※ 如何擴充目標客戶的範圍？

筆者作為風險投資從業者，在投資高科技專案過程中，發現了一個有趣的現象：科技專家作為創業領頭人，在工作實踐中幾乎都學會了行銷，並成為企業中的行銷高手。筆者在溝通中了解到，他們沒有時間閱讀市場行銷學書籍，也幾乎不參加各式各樣炒作的、流行的行銷絕招培訓等活動。

而今，「現代行銷學之父」菲利浦·科特勒的《行銷管理》（*Marketing Management*）已經更新到 16 版了，他還與人合著了一本《市場戰略》（*Market Your Way to Growth*），同樣也是好幾百頁，厚厚一本的書。看完這兩本書，我們滿腦子是知識，如何將行銷簡單化呢？

在 T 型商業模式中，行銷模式是一個只有 4 個要素的公式：目標客戶＝價值主張＋行銷組合 - 市場競爭，見圖 3-3-1，用文字表述為：根據產品中含有的價值主張，透過行銷組合克服市場競爭，最終不斷將產品銷售給目標客戶。

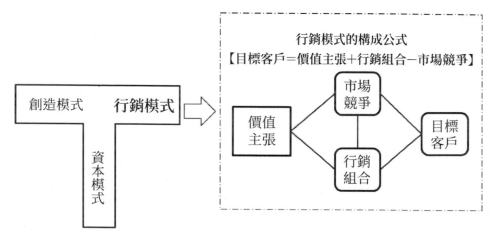

圖 3-3-1 行銷模式的構成要素示意圖

行銷模式分為兩部分內容：第一部分是目標客戶如何與價值主張匹配，從而為企業可持續地創造顧客。目標客戶之所以要購買企業的產品是因為產品中含有的價值主張更符合目標客戶的需求。

目標客戶這個概念好理解，是指那些購買公司產品的主要客戶群體。目標客戶是一個內涵清晰而邊界模糊的概念，並且目標客戶的邊界範圍常常處於動態改變之中。如何找到目標客戶？可以用 STP 理論來協助，即市場細分（Segmentation）、選擇適當的市場目標（Targeting）和產品定位（Positioning）。處於 STP 三步驟中間的「選擇適當的目標市場」，其實就是選擇目標客戶；第三步「產品定位」就是提煉產品的價值主張。

價值主張決定了企業提供的產品組合對於目標客戶的實用意義，即滿足了目標客戶的哪些需求。客戶購買產品是為了滿足自己的某些需求。有的客戶不清楚自己需要什麼或者表述不出來，需要聽聽企業對產品價值主張的表述。如果兩者基本一致了，相對於其他產品來說，這家企業的產品是最適合的，雙方就可能達成交易。潘婷定位於「營養髮

質」，飄柔定位於「柔順髮質」，海倫仙度絲定位於「去除頭屑」。寶潔公司的三款洗髮精各有不同的價值主張，因此將分別吸引有對應需求的目標客戶購買。

　　與蒸汽機活塞往復循環運動一樣，目標客戶需求與價值主張之間的匹配是一個不斷改善疊代的過程，見圖 3-3-2。結合 STP 定位，從目標客戶需求→提煉價值主張→建構產品組合，這個以終為始的過程是一個「創造價值」的過程，屬於創造模式的核心內容。然後是從產品組合構成→表述價值主張→促進目標客戶購買，自始至終是一個「行售價值」的過程，屬於行銷模式的核心內容。產品經理的主要工作就是將上述「活塞式往復循環運動」當成一個工程專案來管理。

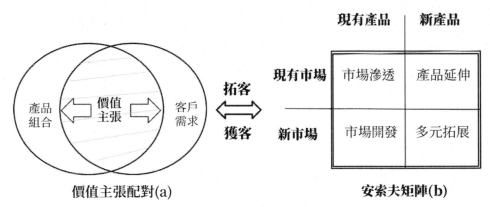

價值主張配對(a)　　　　　　　　安索夫矩陣(b)

圖 3-3-2 安索夫矩陣與價值主張匹配協同示意圖

　　如何擴充目標客戶的範圍？ STP 理論繼續有效，即擴大細分市場或發現更多的細分市場。另一個可供參考的結構化思維工具就是安索夫成長矩陣。安索夫博士於 1957 年提出安索夫矩陣：以產品和市場作為兩大基本前進方向，組合成「市場滲透、市場開發、產品延伸、多元拓展」四種開關市場空間、擴充目標客戶的成長策略，見圖 3-3-2（b）。

- ◉ 市場滲透 —— 以現有產品聚焦於現有的市場地盤，增加目標客戶的數量及它們的重複購買率。
- ◉ 市場開發 —— 以現有產品積極開拓新市場，擴大原有細分市場或增加相關細分市場。
- ◉ 產品延伸 —— 推出新產品給現有市場的目標客戶。
- ◉ 多元拓展 —— 保留舊產品和原有市場地盤的同時，積極開發新產品並拓展新市場。

在成長期，企業貫徹一個成長策略，以持續創造更多顧客。根據以上行銷模式的第一部分內容，成長策略看起來很簡單，就是目標客戶與價值主張匹配，將更多的產品賣給更多的目標客戶。行銷模式的第二部分主要表達的意思是：透過建構一個行銷組合，讓企業克服市場競爭的阻力。因為目標客戶被多個廠商的產品所吸引，所以企業必須透過一個行銷方案向目標客戶宣傳產品中含有的獨特價值主張，將他們從競爭者那裡遷移到自己這邊來。

此處的行銷組合代表企業選擇的行銷工具或手段的一個整合。經典系列的行銷工具有：行銷 4P、4C、4R、4V 等。網路的出現，又創造出了很多行銷手段，例如：社群行銷、演化行銷、大數據行銷等。不論經典行銷工具，還是流行行銷手段，企業因地制宜，從中挑選優良的產品，並將它們整合在一起，就形成了企業的行銷組合。針對一個具體的產品行銷活動，選用行銷組合的相關工具和手段，為產品促銷設計一個可執行的行銷方案。

對於網路叫車的商業模式來說，創造模式看起來比較容易模仿，產品組合差異化不明顯，行銷模式似乎也沒有難度。但是，網路叫車市場競爭非常激烈，而行銷組閣中對應的主要手段就是燒錢補貼。最後大家

比的是資本模式 —— 看誰家創辦人更有魅力，能吸引到更具實力的投資人；看背後的策略投資人誰更垂涎這個市場的巨大流量，願意付出代價追求協同效應。

　　綜上，根據行銷模式的公式「目標客戶＝價值主張＋行銷組合 - 市場競爭」，我們簡單闡述了 T 型商業模式中關於市場行銷的基本邏輯 ——流行的說法叫作「第一性原理」。當今關於市場行銷的理論書籍越來越多、越來越厚。從盛放知識的角度看，教科書的理論體系與實踐需要的邏輯體系是兩個不同的容器。教科書的知識容器似乎越面面俱到、越龐大繁雜越好，而實踐需要的知識容器應該更聚焦，並且要遵循基本的市場行銷邏輯。一線行銷實踐人員要找到市場行銷的第一性原理，即基本的市場行銷邏輯，在此基礎上可以選擇性地吸收各種市場行銷教科書及各式各樣炒作的、流行的行銷經驗或絕招。

　　創造顧客與企業成長離不開市場行銷，但是市場行銷不是孤立的，而是行銷模式與創造模式循環合作，並與資本模式形成飛輪效應。**拋開創造模式和資本模式，甚至拋開行銷模式的其他要素，只是重視各種新鮮或流行的行銷手段和工具** —— 例如：「網紅」團購、「業配」、廣告定位等，常常讓企業欲速而不達。如果企業要擁有這樣的成長期或成長方法，那麼短期看會讓企業獲得了顧客，而長期看則讓企業失去了前途。

# 3.4

## 資本模式：活水源流才能構築企業護城河

**重點提示**

※ 您對營利池概念有什麼改進建議？

※ 企業護城河的六大構成要素包括哪些內容？

※ 什麼是企業的「紮實資本」？

　　T 型商業模式包括三個部分：創造模式、行銷模式和資本模式，用公式表示三者之間的關係：商業模式＝創造模式＋行銷模式＋資本模式。前兩節簡要闡述了創造模式、行銷模式在創造顧客及促進企業成長方面的基本邏輯和作用機制。資本模式共有五個要素：營利機制、企業所有者、資本機制、進化路徑和營利池，可以用公式示意它們之間的關係：營利池＝營利機制＋企業所有者＋資本機制＋進化路徑，轉換為文字表述：營利池需要營利機制、企業所有者、資本機制、進化路徑四個要素協同貢獻，見圖 3-4-1。

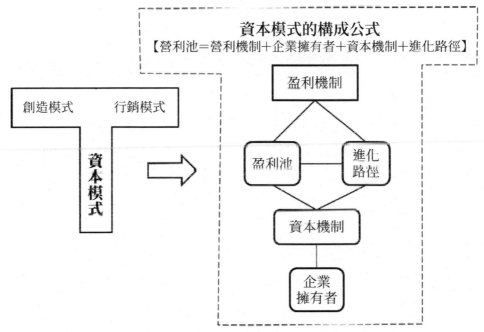

圖 3-4-1 資本模式的構成要素示意圖

　　營利池表示企業可以支配的資本總和，它主要取決於資本存量和營利池容量兩個衡量指標。資本存量代表著營利池匯聚著企業內部生成及外部引進的各類資本；營利池容量代表著企業未來的成長空間，一般以企業估值或企業市值來近似衡量。企業可以支配的資本總和與企業的資本存量和營利池容量存在正向相關關係。

　　在商業模式範疇內，這裡的資本是指廣義資本。簡單地說，資本就是企業資源與能力的集合。我們通常會強調企業的關鍵資源與核心能力，它們是企業資本的最重要部分。詳細而論，企業資本包括物質資本、貨幣資本和智慧資本等內容。物質資本與貨幣資本比較好理解，而智慧資本是一個新概念。筆者認為智慧資本是指企業擁有的無形資產、資源及其協同湧現出的各種有價值的能力，主要包括人力資本、組織資

本和關係資本三個方面內容（詳見章節 4.1 的闡述）。

我們將資本模式的構成公式稍做拆解，可得知營利池由以下三個部分決定：

第一，營利機制越優秀，部門時間內透過創造模式和行銷模式獲得的企業營利就越多，有助於增加營利池中的資本存量和營利池容量。營利機制是指企業透過產品組合實現營利以建立競爭優勢的原理及機制。商業模式的營利比會計學上的盈利內容更廣泛 —— 營利表示企業經營過程所獲得的能力與資源等廣義資本（當然也包括了會計含義的盈利）。例如，麥當勞能從美國芝加哥的一家小型漢堡店逐漸發展成為擁有 30,000 多間分店的世界 500 強企業，主要是因為它有優秀的營利機制。單從現金營利來說，麥當勞的營利機制就為企業帶來了直營店收入、加盟店收入、地產收入、供應鏈收入、區域業務所有權轉讓收入五大類營利來源。

第二，企業所有者利用資本機制可以改變營利池中的資本存量。此處的資本機制主要是指企業所有者透過股權融資、股權激勵、抵押貸款、內部創業、對外投資、併購重組、策略合作等資本運作形式，為企業引進資金、人才等發展資源，拓展企業發展空間，促進商業模式創新和進化。企業所有者名義上是指全體股東，而實質上發揮作用的是有權決策對外股權融資、股權激勵、對外投資合作等資本機制層面操作事項的一個人或一個小組。具體到企業現實的決策場景，往往是企業掌門人、創辦人或核心團隊掌管了這些決策權，而股東會、董事會等往往是一個正式的法律形式。

根據企業發展需要，企業所有者可以對營利池進行輸入或輸出資本的操作。在創立及成長期，企業貫徹成長策略，企業所有者可以透過股

權融資、股權激勵、抵押貸款等資本運作形式為企業輸入需要的貨幣資金、關鍵人才等重要發展資源。在擴充及轉型期，企業所有者透過對外投資、併購重組、內部創業、策略合作等輸出資本的運作形式，尋找新的業務成長點、拓展企業發展空間。

對處於創業階段的企業來說，企業所有者透過對外股權融資，主要解決企業發展中資金短缺的問題。透過設計一個嚴選的資本機制，企業在股權融資的同時還可以獲得未來投資者給予的策略性資源支持。

對於具備一定實力的企業來說，透過實施對外投資合作、合併收購、IPO 等資本運作方案可以實現超常規發展，圖謀跳躍式地增加企業營利池的資本存量和營利池容量。2010 年，吉利汽車以 18 億美元從福特汽車手中拿下了 VOLVO 的 100％股權。10 年後，吉利汽車謀劃推進 VOLVO 轎車 IPO，期望市值在 300 億到 400 億美元之間。吉利收購VOLVO，不僅是估值增加或倒手賺錢那麼單一，還有「1＋1＞2」的協同效應及一石多鳥的併購溢價。例如：①與國際大牌成為兄弟後，帶動吉利產品快速改進；②有 VOLVO 品牌加持，有利於吉利形象提升，增加吉利汽車的銷售量；③吉利不僅獲得了 VOLVO 的技術支持、人才輸送等多項加持，而且吸收了 VOLVO 的品牌理念以及營運管理等。

第三，構成公式中的進化路徑是指商業模式的進化路徑。商業模式的進化路徑與策略規劃對接，就是企業的商業模式策略。商業模式的進化路徑改變著企業未來的成長空間，主要對營利池容量產生影響。

根據資本模式的公式：營利池＝營利機制＋企業所有者＋資本機制＋進化路徑，增加營利池的容量和資本存量，可以透過營利機制、資本機制、進化路徑三個通道實現。營利機制是內生的資本通道；資本機制是外拓的資本通道；進化路徑改變著企業未來的成長空間。三者之間存

在著增強回饋的協同效應:企業的營利機制優秀,企業所有者透過資本機制對外融資或投資的能力就強。反之,有時成立,有時不一定成立,是因為創業投資的不確定性較大。明確而有吸引力的商業模式進化路徑,有利於營利機制的健康發展及企業所有者對外進行投資、融資等資本輸出輸入操作。

之前,我們將資本模式的功能作用形象地概括為賦能、借能和儲能,而營利池就是資本模式發揮賦能、借能和儲能作用的往來樞紐和「中心水庫」。無論對創業者還是投資者,創業都是一項風險投資,必然收益和風險並存。基於風險考慮,營利池還承擔著防護壁壘的作用,或者說承擔著企業護城河的作用。

巴菲特投資一個公司,透過長期持有而獲得複利成長,所以他非常重視被投資公司的「護城河」。參考《窮查理的投資哲學與選股金律》(*Charlie Munger: The Complete Investor*)一書中巴菲特的老搭檔查理・蒙格(Charlie Munger)先生對企業護城河的總結,在此給出企業護城河的六大構成要素:

①供給側的規模經濟,轉換為商業模式語言就是創造模式中有策略性低成本優勢,對應的策略性低成本能力屬於企業智慧資本的一部分。例如沃爾瑪,賣出的產品越多,它的成本就會越低,企業防禦競爭的壁壘就越強。

②需求側規模經濟,又被稱為網路效應,在商業模式中屬於智慧資本中的關係資本。網路效應特指一項產品或服務,用的人越多,也就越有價值。最典型的例子是 Facebook,用的人越多,就會吸引更多的人加入,使用者本身都是企業護城河的一部分。

③品牌,在商業模式中屬於產品組合的一部分,也是企業重要的智

慧資本。比如可口可樂、麥當勞、Nike 這樣的公司，擁有強大的品牌護城河。可口可樂前董事長羅伯特・伍德羅夫（Robert Woodruff）有一句名言：「假如我的工廠被大火毀滅，假如遭遇到世界金融風暴，但只要有可口可樂的品牌，第二天我又將重新站起。」無疑，品牌也是企業的智慧資本。

④專利、專有技術，在商業模式中屬於智慧資本中的組織資本。例如：路博潤公司（The Lubrizol Corporation）擁有潤滑油添增劑產業的 1,600 多項專利。用巴菲特的話說，這讓公司擁有了持久的競爭優勢。

⑤政策獨享或法定許可，在商業模式中屬於智慧資本中的關係資本或組織資本。

⑥客戶轉換成本，在商業模式中屬於智慧資本中的關係資本或組織資本。客戶轉換成本是指客戶從一個產品或服務的供應商轉向另一個供應商時所產生的一次性成本。

企業可持續發展才是最實在的結論！企業構築一個堅固的營利池防護壁壘，既要防止外部競爭者的「偷襲」與顛覆，更要防止內部核心能力和資源跳出營利池而被無謂耗散或轉變成為競爭對手的力量。除了以上列出的企業護城河六大要素，企業更要具備核心競爭力，促進業務擴張和商業模式進化。擁有更多的關鍵資源和核心能力等「紮實資本」才是企業可持續發展的活水源流，而活水源流才能構築起真正的企業護城河！

## 3.5

面對策略競爭，企業如何用「五力分析」因應？

### 重點提示

※ 將競爭轉變為合作有哪些具體方法？

※ 鬼谷子所說「內實堅，則莫當」，對於創業有什麼啟發意義？

※ 與外資合作時，為什麼法士特公司能夠擁有主導權？

　　圍繞產品定位，創造模式、行銷模式與資本模式三者合作，形成飛輪效應，企業的成長循環便開始了。成長循環也是執行商業模式定位的過程，即透過改善疊代，保持產品的創新優勢，實現優異的銷售業績。本書第 2 章講到，三端定位追求的是合作夥伴、目標客戶、企業所有者三者合作共贏，因為它們都是建構產品創新優勢的主要合作力量。除此之外，合作的對立面是競爭，如何消解競爭力量或將競爭轉化為合作，對於企業發展來說意義重大。人們都說「21 世紀最貴的是人才」，核心人才對於企業成敗同樣不僅不可小覷，更應該放在策略高度看待。因此，如何與競爭者合作及發揮核心人才的合作力量，也是建構產品創新優勢所要重點關注的內容。綜上所及，合作夥伴、目標客戶、企業所有者、競爭者、核心人才是企業可以聚合在一起的五種主要合作力量。根據系統構成原理，有了這五種合作力量，還需要將它們連線起來，以發揮出 1 ＋ 1 ＞ 2 的協同效應。

　　圍繞持續建構產品創新優勢，為了實現持續創造顧客的成長策略，更系統地發揮合作夥伴、目標客戶、企業所有者、競爭者、核心人才這五種力量的合作功能，將它們構造組合在一起形成一個合作模型，簡稱為五力分析，見圖 3-5-1。

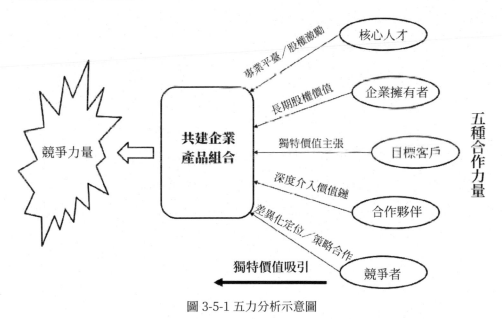

圖 3-5-1 五力分析示意圖

　　合作的對立面是競爭，根據波特五力分析模型，尤其在豐裕經濟時代，同業競爭者、潛在競爭者、替代品競爭者越來越多；供應商努力爭取自己的利益；顧客到處比價，然後討價還價。通常情況下，產業結構中的競爭力量很強大，而企業能夠獲得的合作力量很弱小。

　　五力分析模型是對產業結構中主要競爭力量的分析、歸納和組合，而具體企業中面對的競爭力量還會更多一些，例如：核心人才流失、企業所有者之間利益爭執或分裂，都可能對企業發展構成威脅甚至致命打擊。面對競爭，企業不得不應對競爭，而合作是最好的策略。五力分析

旨在集合與企業相關的重要合作力量，聚焦於持續建構產品創新優勢，以消解競爭力量，並將競爭轉化為合作。

五力分析模型的構成要素與五力分析的構成要素之間並不是一一對應的關係。五力分析模型中的顧客等同於五力分析中的目標客戶；供應商類似於五力分析中的合作夥伴；同業競爭者、潛在競爭者、替代品競爭者，在五力分析中統稱為競爭者。五力分析額外增加的兩個合作力量分別是企業所有者與核心人才。

在具體使用上，企業創立期或計劃開發一個新產品時，基於擁有的能力和資源，應該用五力分析模型對比評估一下，檢視產業結構中的同行競爭者、潛在競爭者、替代品競爭者、供應商、顧客這五種競爭力量有什麼特點、強度大小及轉化為與企業合作的可能性。而一旦執行創業或新產品上市，圍繞建構產品創新優勢，企業應該根據五力分析，逐漸將各種競爭力量盡力轉化為合作力量。

對於企業而言，從利益關係角度考慮，經營過程中既有競爭者也有合作者，統稱為企業的利益相關者。太極圖啟示我們，競爭與合作是一對矛盾，競爭中有合作，合作中也有競爭，兩者是可以相互轉化的。也就是說，在一定條件下，競爭者可以轉化為合作者，合作者也可以轉變為競爭者。

策略更多談及競爭，而商業模式強調合作。讓合作力量大於競爭力量，需要有扭轉乾坤之術。對於某一個競爭力量來說，如果企業對它而言具有獨特價值吸引，就可以減弱其競爭力量而增加相互之間的合作。例如：蘋果產品對顧客而言有獨特價值吸引，所以新產品上市經常會吸引顧客爭相購買並積極進行口碑傳播。波音公司對供應商開放所需技術數據和數據，提供實時合作系統，供應商便願意投入資金參與波音新型

號飛機零部件的開發並承擔相應的風險。

　　俗話說「打鐵還需自身硬」；鬼谷子說「內實堅，則莫當」，**為建構產品創新優勢，企業要有強烈的合作意願並付諸行動，透過建構對利益相關者的獨特價值吸引，從而在不斷減弱對方的競爭同時增加相互合作。**「會當凌絕頂，一覽眾山小。」透過五力分析的指引，企業努力建構合作優勢，不斷消解面對的競爭，合作力量大於競爭力量的那一刻就會到來。

　　合作必須有共贏的思維，應用五力分析也不例外。對於企業而言，透過減弱利益相關者的競爭並增加合作，聚焦於持續建構產品創新優勢。對於利益相關者來說，它們要從與企業合作中獲得好處，所以對它們而言企業要有獨特價值吸引。五力分析應該聚焦於找到相互的合作點，從而將彼此利益統一起來。針對五種合作力量，下面分別簡要論述（可參見圖 3-5-1 的文字簡述）：

　　企業與目標客戶之間，利益本來就是統一的。產品創新優勢越大，越能更好地滿足目標客戶的需求，企業必然更有獨特價值吸引，目標客戶就更願意合作。更多的合作意味著目標客戶的討價還價能力減弱，更願意選擇企業的產品及口碑傳播。除了產品吸引，與目標客戶合作方面還可以有很多延伸創新，例如：與客戶聯合進行產品開發，建立客戶社群，讓產品變服務、一次性銷售變成根據使用時間或次數收費，甚至讓客戶辦卡儲值、建立消費積分體系也是一種合作形式。

　　企業與合作夥伴彼此應該形成利益共同體，共同建構產品創新優勢。對於合作夥伴來說，企業帶來的獨特價值吸引可以是投資入股、建立合作開發或資金互助平臺、匯入管理體系、合理利潤率、及時付款、供應商認證等。

在法律形式上，企業所有者指企業的全體股東。企業股東更看重企業的未來可持續發展，這也是企業能為他們帶來的獨特價值吸引。企業爭取股東的合作或協助，應該圍繞長期利益展開。有句話說得有道理，「與其現在就分蛋糕，不如把蛋糕做得更大」。

企業與競爭者之間的實質性合作確實很難，也許重點應該放在如何減弱彼此的競爭。企業對於產品組合的差異化創新本身就是為了避開同業競爭者。如有機會，彼此還可以設法為對方帶來獨特價值吸引，以尋求雙方在投資持股、開拓新市場、專利互換等方面的合作機會。

為了更好地認識以上五力分析，我們引入一個企業實踐案例加強說明。

法士特汽車傳動集團（以下簡稱「法士特」）在 2000 年之前叫作陝西汽車齒輪廠（以下簡稱「陝齒」），當時有員工 3,000 人，經營非常困難，最困難時，曾經四個半月發不出薪資，銀行貸款加上逾期利息超過 5 億，已經資不抵債。而 2018 年的法士特，銷售收入近 200 億元，盈利優異，其核心產品 —— 中重型汽車變速器年產銷量連續 13 年穩居世界第一位，長期保持產業絕對領先地位。

同一個企業，前後業績冰火兩重天，鳳凰成功涅槃的原因在哪裡？我們不能迷信，所以不能將原因歸為陝齒改名法士特帶來的好運。變速器屬於汽車零部件。如果用五力分析模型分析，汽車零部件企業要做好很不容易。它們下游受制於整車廠，上游面對原材料價格波動和漲價，同行之間競爭非常激烈；如果產品沒有技術含量，潛在競爭者很容易闖進來，價格戰不可避免，最後導致各家企業日子都艱難。

同樣的產品方向，為什麼陝齒瀕臨破產而法士特獲得巨大成功呢？遇到這樣的案例，通常將原因歸為依靠技術創新及產品更新，但是技術

創新及產品更新要依靠強大的資本實力，一個資不抵債的中小型企業如何能做得到？

　　這要說到能扭轉乾坤讓「陝齒」變成「法士特」的傳奇人物 —— 李大開先生。

　　早在 1986 年，李大開就已經是陝齒的產品設計室主任，為企業設計了第二代產品 —— 六擋全同步器變速器。1995 年 7 月，李大開臨危受命被提拔為廠長。由於歷史原因，隨後四年企業經營歷經最艱難的時期。李大開帶領幹部職工不畏艱難、積極進取，終於在第五年即 2000 年陝齒初步實現扭虧為盈。

## ■ 3.5.1
## 與企業所有者合作

　　雖然企業扭虧為盈了，但是要持續發展還是很難，不僅資金嚴重短缺，而且欠銀行的 5 億仍舊是一個巨大的包袱。峰迴路轉，終於在 2001 年陝齒成功獲得了當時的上市公司湘火炬投資入股。湘火炬投資陝齒 1.31 億人民幣，股權占比 51％，處於絕對控股地位。從此之後，陝齒改名為法士特。

　　作為產業投資，又是控股股東，湘火炬必然很強勢。在投資入股後的第一個董事會上，湘火炬派來的代表要求法士特管理層投資或開發產品等事項必須先打報告，經過批准後才能進行。李大開堅決不同意，理由是股東這樣管控具體經營嚴重束縛了企業創新和發展的手腳。雙方僵持之下，湘火炬董事長聶新勇出面調解，他問了大家三個問題：

　　第一個問題，5 位董事中有誰比李大開更懂產品？大家都說，李大開讀的是設計的專業，我們肯定不如他。

第二個問題，誰比李大開更了解裝置？大家說李大開當了 5 年廠長，對裝置瞭若指掌。

第三個問題，誰比李大開更懂市場？大家說還是李大開，他除了做開發，還當了 4 年銷售處長，懂市場、懂經營。

聶新勇說，這三個問題都顯而易見，那還有什麼理由叫他再給我們打報告。由於董事長聶新勇的積極支持，透過這次董事會李大開為企業最大限度地爭取到了經營自主權。

按照前文所述的五力分析，湘火炬投資法士特成為重要的企業所有者之一。法士特隨後也獲得了湘火炬在策略規劃、資金融通、產業資源、產業鏈協同等各方面的大力支持。最重要的是湘火炬給法士特帶來了體制上的改變，經營自主權增強、市場機制發揮作用、幹部員工責任心加強、緊迫感加大、產品品質和生產效率都有了極大提升，企業發展真正駛入了快車道。

2006 年濰柴動力吸收合併湘火炬，轉而成為法士特控股股東。這一年，濰柴動力積極支持法士特投資近 8 億元建設新廠房、擴充生產線；同年，法士特的重型汽車變速器年產銷量達到了世界第一。既有馬太效應，也是惺惺相惜、英雄所見略同！從產品開發、預算管理、銷售服務、核心產業鏈、資金融通等多方面，濰柴動力和法士特的合作產生了良好的協同效應。

## ■3.5.2
# 與競爭者合作

如何讓競爭者變成合作者？這似乎是世界上最難辦的事情，但是李大開帶領法士特管理層做到了。

　　引進湘火炬投資控股後，恰逢中國汽車工業進入快速發展期，法士特在兩年內快速做到年產銷量 20 萬臺變速器，2003 年營收達到近 12 億元。這時，有百年歷史的世界知名變速器製造商美國伊頓公司（以下簡稱「伊頓」）主動找上門來要與法士特合資。

　　早在 1990 年代，曾經的陝齒與伊頓之間有過一次深入接觸。當時陝齒的上級部門希望透過引進伊頓的先進技術和資金把陝齒救活。伊頓充當救世主角色，合資談判非常強勢。李大開及經營團隊堅持原則不讓步，雙方多輪談判後不歡而散。而後伊頓公司就在上海外高橋保稅區獨資建廠生產變速器。伊頓代表曾對李大開說：「李廠長，你再有志氣，你再懂行，你再努力，不出 3 年我們就會把陝齒擊垮。」

　　2003 年再次談合資時，法士特已經今非昔比，而伊頓在外高橋的工廠連年虧損。李大開對伊頓談判代表說，合資可以，你們堅持控股也可以，但法士特主體暫時不能和你合資，要單獨建一家新合資工廠，等成功後再考慮更深入的合資合作。並且伊頓必須把外高橋的伊頓獨資廠關掉，以避免同業競爭。

　　伊頓最後同意了李大開給出的合資條件，新成立的合資公司中伊頓控股 55%、法士特參股 45%。雖然新成立的合資工廠毗鄰位於西安的法士特總部廠區，但是合資合約規定控股方伊頓公司委派的總經理全權負責經營，中方不得參與，甚至非董事會活動邀請，李大開等中方人員不能隨便進出合資工廠。

　　2003 年到 2008 年，雙方的合資公司一直由伊頓控股方管理，由於不尊重中國現實情況，產品不對路，每年只有幾百臺的銷量，結果年年虧損。最後合資雙方順利協定分手，法士特 1 美元買斷了伊頓所持 55% 股份。

　　有意思的是，第二次合資分手大約 4 年之後，伊頓公司又主動找到法士特，表示當時沒有充分信任和聽取中方的意見，才導致了合資公司失敗，希望再次合資。這時的法士特年銷售收入猛竄到 110 億元，中重型汽車變速器年產銷量連續多年穩居世界第一位，中國市場占有率達到 70％。這次李大開對伊頓談判代表說，法士特對外合資合作的大門永遠敞開，但是雙方合資必須由法士特控股。伊頓公司同意了。2012 年，再次成立的合資公司由法士特控股 51％、伊頓參股 49％，生產經營負責人全部由法士特委派。因為法士特派去的負責人很有經驗，了解中國國情和市場，這次合資非常成功。短短幾年，合資公司主力產品的產銷量就翻了近 10 倍，取得了良好的經濟效益。

　　這次合資成功，伊頓信心大增。後來法士特又和伊頓成立了一家生產輕卡變速器的合資公司，股比依然是 51：49，由法士特控股。這期間法士特還和世界排名第一的工程機械公司卡特彼勒成立了一家合資公司（生產 AT 液力自動變速器），法士特控股 55％、卡特彼勒參股 45％。將競爭變成合作，與世界知名跨國公司成立的這三家合資公司，全部由中方法士特控股。縱觀整個汽車產業，這樣的案例很少見到。這得益於李大開領導的法士特勇於堅持原則，勇於表達觀點和看法，能夠預見趨勢、能夠為合作雙方創造巨大經濟價值，真正用實力贏得了跨國公司的尊重。透過與世界知名廠商合資，法士特得以盡快進入多個國際市場，並大大縮短了技術創新及新產品開發週期，讓競爭變合作的效益實現了最大化。

### ■ 3.5.3
## 與目標客戶合作

按照波特的五力分析模型，顧客（目標客戶）作為付款方處於強勢競爭地位，設法與供貨廠家討價還價，讓自己的利益最大化。任正非說「以客戶為中心」，更有甚者說「客戶是上帝」。如何將「上帝」這個競爭者變成合作者，看來難度也不小。

李大開認為，與目標客戶的合作要由淺入深地展開，針對潛在需求進行策略性產品創新。一直以來，法士特堅持預測產業未來和技術創新趨勢，走在市場前面引導需求，提前布局開發並重點為潛在需求開發產品。例如：在與產業鏈重點客戶陝西重汽的合作上，法士特針對其潛在需求，提前多年布局技術創新和開發。當陝西重汽等廠商大批次需要緩速器、12 擋變速箱，向輕量化產品更新時，市場上僅有法士特是比較合適的供應商。

滴水石穿，非一日之功；冰凍三尺，非一日之寒。10 多年來，法士特先後被幾十家汽車主機廠評選為「優秀供應商」。除此之外，法士特還獲得了卡特彼勒、伊頓等國際著名廠商頒發的全球優秀供應商或金牌供應商獎牌。

### ■ 3.5.4
## 與合作夥伴合作

按照波特的五力分析模型，合作夥伴（主要指企業的供應商）也可能是企業的競爭者。如果企業經營不善，供應商就會擔憂帳款及未來，供貨上就會敷衍了事，甚至有機會就以次充好或囤貨居奇。

第 3 章
成長期：如何持續創造顧客？

與供應商合作時，法士特始終堅持合作共贏，共同創造獨特價值。
除了為供應商提供必要的技術創新、合作開發及資金扶持等重要協助
外，法士特還學習世界先進企業如豐田、江森、漢威聯合的先進經驗，
透過輸出自創的 KTJ 管理體系將供應商變成供應鏈平臺上的合作者。
KTJ 中的 K 指科學改進、T 指提高效率、J 指降低成本。透過 KTJ 管理
體系提升供應商的產品品質及經營管理實力，減少生產過程中的七大浪
費，最後雙方得以分享共同創造的價值。

## ■ 3.5.5
## 與核心人才合作

五力分析的最後一項是企業與核心人才的合作。雖然說 21 世紀最
貴的是人才，但是人才也是最難獲得及合作的。很多企業初衷是引進高
階適用的人才，但是結果引來了很多招牌式人才、偽人才，最終把企業
文化搞壞了，沒有更好反而更糟！即使引進了優秀的人才，如果處理不
好彼此關係，很容易從合作走向競爭。如果雙方成見逐漸更新，激發人
性之惡，導致圖窮匕見，讓引進的人才跑到競爭對手那裡，情況就更糟
糕了。

李大開的人才經為「文化留人第一，事業留人第二，物質留人第
三」，並且，三者順序不能顛倒。事實證明，如果把物質留人放在第一
位，不僅人才難留住，還會造成待遇比較、做事推諉，甚至導致更多有
價值的人才流失。

文化留人的重點在理念文化一致，坦誠交流，相互信任，共同崇尚
「幫助別人就是幫助自己」的利他原則。事業留人的重點在於讓引進的人
才有工作可以做，協助人才融入企業平臺，助力人才建構自己的事業，

並促進個體事業與企業願景一致。物質留人是指給人才合理的物質待遇，對於已經為企業創造出價值的實打實人才，物質上絕不虧欠甚至一定要超出他們的期望。

　　一次，公司人力資源部到清華大學應徵，發現有個汽車專業碩士研究生挺不錯，但他本人還在猶豫，因為他女朋友已經簽約到長春某研究所，所以他準備簽約長春某汽研所。李大開聽說後，把他請到西安，陪他參觀法士特務廠，了解到他確實潛力很大，就答應可以破例給他特殊待遇。

　　經過幾天的彼此溝通，該研究生對法士特文化、對李大開的用人理念有了進一步的了解，遂下決心到法士特來，並且不尋求特殊待遇，主動提出和其他碩士生同等待遇就行。如果以後做出成績，再給他加薪，那樣他心裡也坦然。這位研究生入職法士特後，先在工廠實習半年，然後回研究院開始搞設計。2015 年公司派他到英國里卡多參與新專案開發，在那裡學習提高。經過幾年的鍛鍊和成長，他以實際成績和價值創造得到了企業內部和合作夥伴的一致讚賞和好評，現在已經是法士特開發團隊的核心人才和企業的重要備份力量。

　　企業要實現可持續經營，最重要的就是經管團隊的順利更替。前任與後任領導者之間無法好好合作就會走向競爭。有些退休的老領導者喜歡在原部門留個辦公室、保留個影響力的職位、偶爾來指導一番，看似是對繼任者「扶上馬、送一程」，實際上這可能有點正向作用，但也有較大負面影響。李大開對繼任者充滿信心！因為他一貫倡導對核心人才的重視，長期致力於對經管團隊的更新和培養。

# 第4章

## 擴張期：商業模式如何進化？

### 本章導讀

通俗地說，核心競爭力就是企業能夠逢山開路、遇水搭橋從而具備持續成長、再生和健康繁衍的能力。筆者提出的 SPO 模型給出了核心競爭力的構成要素、闡述了核心競爭力的建構方法和形成過程，解決了原來策略能力學派的核心競爭力理論無法落地的瓶頸問題。

基於企業核心競爭力的 T 型同構進化模型給我們的啟示是，企業的根基產品組合好比一棵大樹的樹幹，樹幹越強壯，上面的樹冠才會豐滿茂盛。

【第4章重點內容提示圖】核心競爭力的功能與目標

# 4.1

## 曾被頂禮膜拜的核心競爭力理論還需補充什麼？

**重點提示**

※ 核心競爭力能給企業帶來什麼好處？

※ 波特競爭策略與核心競爭力理論如何統一起來？

※ 能力、資源、資本三者有什麼區別與連繫？

　　大部分企業跨不過創立期或成長期，擴張和進化就更難了！美國《財星》（*Fortune*）雜誌曾經報導，美國中小企業平均壽命不到 7 年，大企業平均壽命不足 40 年。不僅企業生命週期短，能做強做大的企業更是寥寥無幾。

　　進入擴張期，企業需要促進商業模式不斷進化，以保持較長時期的可持續發展。而促進商業模式不斷進化，需要企業具備核心競爭力。什麼是核心競爭力？拗口的理論化解釋一大堆，也許通俗化的解釋可以讓大家更深刻地理解。核心競爭力就是企業能夠逢山開路、遇水搭橋從而具備持續成長、再生和健康繁衍的能力。麥當勞原來是一個城鎮街邊的小型漢堡店，沃爾瑪最早是一家偏僻街道上的特價雜貨店。現在，它們都是世界 500 強企業，都是各自領域的產業龍頭、世界級「巨無霸」公司。無疑，這些企業都具有核心競爭力。

　　普哈拉與哈默爾兩位學者給出了關於核心競爭力的三個檢驗標準，

並且這三個標準也是核心競爭力在促進企業擴張和商業模式進化方面所發揮的重要作用及核心功能。

**首先，核心競爭力應該有助於公司進入不同的市場，它應成為公司擴大經營的能力基礎**。例如，因為在引擎技術方面具備核心競爭力，所以本田公司能在割草機、摩托車、汽車、輕型飛機等多個相關市場領域取得經營佳績。

**其次，核心競爭力對創造公司最終產品和服務的顧客價值貢獻巨大**。它的貢獻在於實現顧客最為關注的、核心的、根本的利益，而不僅僅是一些普通的、短期的好處。顯然，本田的引擎技術造成了這一作用。

**最後，核心競爭力應當是競爭對手很難模仿的**。核心競爭力通常是多項技術與能力的複雜結合，其被複製的可能性就微乎其微。競爭對手可能會獲取核心競爭力中的一些技術，卻難以複製其內部複雜的協同與學習的整體模式。

為後文表達方便，我們將以上核心競爭力三個檢驗標準通俗地簡稱為「有市場、有顧客追隨、有護城河」。

普哈拉與哈默爾兩位學者於 1990 年共同提出了企業核心競爭力理論（簡稱「普哈核心競爭力理論」），從此一舉扭轉了當時策略研究與實踐的重點和方向。

1980 年代，麥可‧波特提出的競爭策略大行其道。當時，競爭策略似乎已經成為企業策略的代名詞。五力分析模型、SWOT 分析等工具與方法非常流行，彰顯出外部環境對企業策略成敗發揮著決定性作用。根據競爭策略的理論，企業應該更多關注產業環境中的競爭對手，透過選擇好的產業、在產業中合理定位以及選取三大競爭策略之一來獲取競爭

優勢。競爭策略有其合理性、正確性，但是過猶不及，很多企業不顧自身能力和資源的限制，熱衷於抓住外部環境機遇，貿然進入不相關的市場領域，透過收購合併盲目擴大規模和實施多元化經營。

後來的企業實踐證明，盲目採用競爭策略導致競爭加劇，實施價格戰等不僅不能帶來競爭優勢，而且往往是兩敗俱傷。收購合併及大力拓展不相關業務領域帶來企業管控能力不足、支撐資源短缺、文化分歧巨大等嚴重問題。不相關的多元化給企業帶來的負擔遠遠超出了其帶來的效益。理論指導實踐，實踐推動理論更新。企業僅僅局限於策略競爭的狹窄視野已經不能滿足策略規劃的需求，客觀上需要新的理論來彌補競爭策略的不足及拓展大家對策略管理的視野。

普哈拉（C.K. Prahalad）與蓋瑞·哈默爾（Gary Hamel）兩位學者合作提出的核心競爭力理論（core competence）應運而生。從此，在策略管理的眾多學派中，核心競爭力理論獨樹一幟，成為後來策略管理研究的主流觀點。兩位學者認為企業的策略成功不能依賴環境機遇等外生變數，而是應該建立在對資源和能力的集聚以及合理利用上。普哈核心競爭力理論扭轉了過去只強調競爭策略的理念，以競爭優勢內生論彌補了之前策略研究學派的不足，拓展了策略管理的視野；強調擁有的核心能力與關鍵資源才是企業成功的主要保障，由此而湧現的核心競爭力是企業獲得長期競爭優勢的源泉。企業累積、保持、運用核心競爭力是企業的長期根本性策略。

顯然，波特競爭策略與普哈核心競爭力理論分屬兩個差異很大的策略學派，但是兩者並不相互否定或存在嚴重衝突，相反它們之間可以互相補充甚至合而為一。按照策略學者許德音的觀點，在企業策略環境的內外部分析中，波特的競爭策略撐起了整個外部框架，而內部問題的解

決，則是由以普哈核心競爭力理論為重要支撐的資源與能力學派來完成的。

　　根據波特的理論，競爭策略就是在一定的產業結構中透過五力分析模型、三種競爭策略、價值鏈理論等分析工具為企業定位。定位最終落實到產品上，其實就是一系列選擇的組合。首先讓企業進入利潤比較豐厚的產業或產業鏈環節，其次以正確的競爭策略和建構價值鏈能力來戰勝競爭對手、加固競爭壁壘並保持持久的競爭優勢。在本書章節 1.1 中已經談到，波特的五力分析模型、三種競爭策略和價值鏈等應該屬於商業模式定位或構成要素的基礎內容。

　　普哈核心競爭力與商業模式有什麼關係呢？核心競爭力是一種重要的能力或能力組合，屬於能力範疇。企業的能力歸根究柢來自企業可以利用的資源。設想一下企業創立之初，僅有創辦人和註冊資本時，企業談不上有什麼能力。後續隨著引進人力、資金等資源，讓產品組合與市場需求交易互動才逐漸湧現出各種能力。同時，企業能力促進產品組合營利，又增加了企業資源。**整體而言，透過能力、資源與產品組合、企業內外部環境的持續互動，有些企業就形成了核心競爭力。從商業模式的視角看，核心競爭力的核心功能是促進了商業模式中產品組合的成長、擴張和進化。**

　　從廣義資本概念來說，凡直接或間接用於經營管理活動的能力或資源都屬於企業資本，所以核心競爭力屬於企業資本。企業資本大致分為物質資本、貨幣資本、智慧資本三大類別。

　　物質資本是指長期存在的生產物資形式，如機器、裝置、廠房、建築物、交通運輸設施等。在傳統的產業經濟中，物質資本占據主導地位。但隨著經濟的發展，知識經濟的到來，智慧資本不論是在數量上還

是收益上都遠遠超過了物質資本，從而取代了在經濟發展中物質資本所一度占據的主導地位。

貨幣資本是指以貨幣形式存在的資本，包括現金及現金等價物等。企業的貨幣資本可以從主營業務的相關交易中獲得，也可以透過股權、債權等融資方式獲得。

智慧資本是一個新概念。美國學者托馬斯・斯圖爾特（Thomas Stewart）認為智慧資本是「公司中所有成員所知曉的能為企業在市場上獲得競爭優勢的事物之和」。他提出了智慧資本的「H＋S＋C」結構，即企業的智慧資本價值展現在企業的人力資本（H）、結構資本（S）和客戶資本（C）三者之中。沿襲以上斯圖爾特的理論思想，筆者認為智慧資本主要是指企業擁有的無形資產、資源及其協同湧現出的各種有價值的能力，主要包括人力資本、組織資本和關係資本三方面內容。

參照學者李平的文章《企業智慧資本「家族」及其開發》，對人力資本、組織資本和關係資本簡要解釋如下：

人力資本由企業家資本、經理人資本、職員資本、團隊資本構成。具體到知識或能力等表徵現象，則主要展現為管理能力、創新能力、技術訣竅、有價值的經歷、團隊精神、合作能力、激勵程度、學習能力、員工忠誠度、受到的正式教育和培訓等。

組織資本（原文中叫作結構資本）是指當僱員離開公司以後仍留在公司裡的知識資產，它為企業安全、有序、高效運轉以及職工充分發揮才能提供了一個平臺。它主要由組織結構、企業制度和文化、智慧財產權、基礎資產構成。企業制度和文化展現為組織慣例、工作流程、制度規章等；智慧財產權展現為專利、著作權、設計權、商業祕密、商標等；基礎資產展現為管理資訊系統、數據庫、文獻服務、資訊網路技術的廣泛使用等。

關係資本是指企業與所有發生連繫的外部組織之間建立的關係網路及其帶來的資源和資訊優勢。關係資本表現為兩大類：一是指企業與外部利益相關者之間建立的有價值的關係網路；二是在關係網路基礎上衍生出來的外部利益相關者對企業的形象、商譽和品牌的認知評價。組織間的關係網路一般由企業與股東、消費者、供應商、競爭對手、替代商、市場仲介、政府部門、高校和科學研究機構等組成。

不言而喻，物質資本、貨幣資本、智慧資本三者之間可以相互轉化的。在豐裕經濟時代，隨著網路經濟快速發展、專業化分工越來越深化、金融市場效率不斷提高，外部貨幣資本供給日趨過剩且願意承擔較高風險，企業擁有的物質資本越來越容易被複制，而智慧資本的重要性越來越高。

物質資本的使用過程就是消耗與減少的過程，表現出較強的邊際報酬遞減效應，而智慧資本的使用過程伴隨著知識創造和改善的增強回饋過程，表現出了較強的邊際報酬遞增趨勢。通俗地說，企業的智慧資本越用越多、越用越優、越用越改善。

企業資本就是企業能力和資源的總和，能力可以轉化為資源，資源也可以轉化為能力。所謂資本賦能，歸根究柢是企業的能力或資源為經營管理賦能。所謂資本借能或儲能，實質上是從外部引進的資源或經營管理過程中新產生的能力和資源又轉化成了企業的累積資本。

核心競爭力屬於企業資本，通常也表現出較強的邊際報酬遞增趨勢，所以核心競爭力主要由企業的智慧資本構成。普哈核心競爭力理論給出的「有市場、有顧客追隨、有護城河」三個判斷標準，既是核心競爭力在促進企業擴張和進化方面所發揮的重要作用及核心功能，也是企業建構核心競爭力所要追求的目標。

　　按照系統理論，功能或目標是系統的輸出結果，而輸入原料是什麼、反應過程是怎樣的？—— 也就是系統由哪些要素組成的，它們之間的連線關係及相互作用的機制是怎樣的？

　　普哈核心競爭力理論沒有給出令人信服的闡述。不僅如此，後續的諸多研究者開始在各個方向對核心競爭力理論進一步展開探索和研究，截至目前，大家還是處在繼續探索和研究中。事實也是這樣，弄不懂「輸入原料及反應過程」，核心競爭力理論沒有辦法在實踐中占有一席之地！

# 4.2

# 三點一線：SPO 核心競爭力模型

※ SPO 核心競爭力模型是如何推論出來的？

※ 如何理解嚴選資本這個概念？

※ 核心競爭力屬於策略，還是屬於商業模式？

　　無論對於企業還是個人，核心競爭力並不是天然存在的，而是後天設計和建構的結果。核心競爭力對企業發展、擴張和進化如此重要，我們應該找到能產生核心競爭力的系統。這裡先給它起個臨時名字，叫作 SPO 核心競爭力模型，簡稱為 SPO 模型。

　　系統包括三個構成要件：組成要素、連線方式、功能或目標。三者缺一不可，各司其職，使系統穩定執行。通俗地說，功能或目標可以看作是系統的輸出結果；組成要素是構成系統的基本單元或稱為系統的動因，而連線方式表明了組成要素之間的相互關係。對照系統三個構成要件，SPO 模型輸出核心競爭力，就是系統的功能或目標，因此，我們還應該探索其餘兩個構成要件：組成要素、連線方式。

　　前文說到，普哈核心競爭力的三個判斷標準簡稱為「有市場、有顧客追隨、有護城河」，同時三者也是 SPO 模型關於核心競爭力功能或目標的具體表達。從這裡出發，我們可以嘗試逆向推導 SPO 模型的構成要

素。「有市場」屬於外部環境給予企業的機遇，這樣溯源可以得到一個組成要素，叫作環境機遇。「有顧客追隨」類似於 T 型商業模式的產品組合，這樣又可以得到一個組成要素 —— 產品組合。「有護城河」類似於 T 型商業模式資本範圍中的核心能力與關鍵資源，並且它們都是嚴選的資本。我們從中再得到一個組成要素，稱它為嚴選資本。至此，我們推論出 SPO 模型的三個組成要素：環境機遇、產品組合、嚴選資本。

　　SPO 模型的組成要素具備了，至於組成要素之間如何連線，可以結合實踐發揮我們的想像力完成。本節我們採用連線線條和系統回饋原理，先簡單示意一下 SPO 模型，見圖 4-2-1。

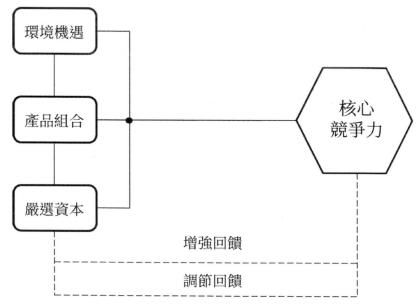

圖 4-2-1 SPO 核心競爭力模型示意圖

　　實際上，SPO 模型並不是以上過程推論出來的，而是筆者理論結合實踐、靈感顯現共同擬定出來的。經過反覆推敲，筆者先設定了環境機遇、產品組合、嚴選資本三個組成要素，然後再用系統理論解釋和以上

所謂的逆向過程進行推導，其目的演示一個看似合理的邏輯過程給大家看。起初，筆者憑直覺認為核心競爭力的形成與企業的核心能力和關鍵資源（嚴選資本）、交易媒介物（產品組合）及外部機遇三者有密切關係，由此勾勒出由嚴選資本（Strengths）、產品組合（Product）、環境機遇（Opportunities）三者組成的 SPO 核心競爭力模型，其中 SPO 取自三個組成要素的英文首字母。

由淺入深地理解 SPO 模型，嚴選資本可以簡單理解為企業的核心能力和關鍵資源，產品組合就是 T 型商業模式的產品組合，環境機遇可以近似於 SWOT 分析模型的環境機會。為了深入研究 SPO 模型，在此透過思考如下問題以拋磚引玉。

## ▌4.2.1
## SPO 模型與普哈核心競爭力理論的連繫與區別

SPO 模型發源於普哈核心競爭力理論。從系統構成看，普哈核心競爭力理論重點闡述了核心競爭力的主要功能和目標，SPO 模型主要補充了 SPO 核心競爭力模型的組成要素及其連線方式。SPO 模型為如何建構核心競爭力及如何發揮核心競爭力在企業擴張及商業模式進化方面的作用，提供了一個可以實踐落地的解決方案。

從策略視角看，普哈核心競爭力理論屬於能力與資源學派，強調競爭優勢內生論。而使用 SPO 模型建構核心競爭力，不僅依賴企業內部的嚴選資本，還與產品組合定位及外部環境機遇高度相關。從這個角度說，SPO 模型將能力與資源學派、定位學派、環境學派三個策略學派統一起來，形成了一個不可分割的整體。

另外，普哈核心競爭力理論認為核心產品是核心競爭力的載體或物

第 4 章
擴張期：商業模式如何進化？

質展現，同時核心產品也是連繫核心競爭力與最終產品的紐帶。例如，本田公司（HONDA）的引擎就是核心產品，最終產品是指割草機、摩托車、汽車等。在普哈核心競爭力理論中，核心產品與最終產品的關係類似於零部件與最終裝置的關係。而當今時代，由於更多企業屬於服務類型或製造與服務混合類型，顯然普哈核心競爭力理論的這個「核心產品→（核心競爭力）→最終產品」傳導正規化已經不能解釋今天大多數企業的發展、擴張和進化。商業模式考察產品組合而不是單一產品，所以SPO模型不再強調「核心產品是核心競爭力的載體或物質展現」，而是用嚴選資本近似地取代之。

SPO模型的三個組成要素嚴選資本、產品組合、環境機遇共同發揮系統性作用產生核心競爭力，其具體的反應過程和循環原理如下：產品組合的擴張與進化需要評估外部的環境機遇及內部的嚴選資本。當三者能夠統一起來，產品組合就獲得了沿著成長向量前進一次的機會。如果產品組合的擴張與進化成功了一次，核心競爭力就累積了一次。如果產品組合的擴張與進化所獲得的成功遠大於失敗，核心競爭力獲得了更多次的累積，那麼我們就說這個企業具有了核心競爭力。**也就是說，核心競爭力是在商業模式進化實踐中形成的，依靠擴張與進化的成功次數和成功率來衡量，有一個較長期的累積過程。**

每一次累積的核心競爭力，又作為輸入量進入嚴選資本，不僅提升嚴選資本的實力，也增加了商業模式的競爭壁壘。由於累積的核心競爭力不斷提升嚴選資本的實力，相應地也不斷增強了判斷和利用外部環境機遇的能力，提升產品組合沿著成長向量擴張與進化的能力。**因此，核心競爭力作為企業的重要智慧資本，通常也表現出較強的邊際報酬遞增趨勢**，見圖4-2-1。

在 SPO 模型中，如何確認產品組合的擴張與進化是否成功？可以用普哈核心競爭力理論給出的「有市場、有顧客追隨、有護城河」三個檢驗標準進行判斷。

## ◼ 4.2.2
## 核心競爭力屬於策略理論還是商業模式理論？

核心競爭力原來屬於策略理論，是能力與資源學派發展演化過程中的重要里程碑。儘管嚴格來說，能力學派與資源學派分屬兩個不同的策略學派，但是筆者認為能力和資源可以相互轉化，多設學派而不能解決實踐問題必定有弊無益，所以可以將它們歸屬為一個學派 —— 能力與資源學派。

**核心競爭力屬於企業的核心能力與關鍵資源範疇，所以現在它應該主要屬於商業模式理論。**從 T 型商業模式視角來看，核心競爭力屬於企業的重要資本，它為企業擴張和商業模式進化賦能或者說推動企業擴張和商業模式進化。根據 SPO 模型，核心競爭力的形成與商業模式的產品組合和嚴選資本密切關聯，並且動態來看過去的核心競爭力就是今天的嚴選資本。另外，核心競爭力與策略管理密切關聯，核心競爭力的形成及發揮作用都是一個策略規劃過程。在 SPO 模型中，屬於策略範疇的環境機遇也是決定核心競爭力形成的一個主要考量因素。

## ◼ 4.2.3
## 嚴選資本與核心競爭力二者有什麼區別和連繫？

嚴選資本、產品組合、環境機遇 SPO 三個要素反覆循環協同地發生增強回饋作用而生成核心競爭力。核心競爭力同時也是企業的重要資

本，它從上一個循環過程中回流到嚴選資本，然後參與下一次循環。透過這樣的增強回饋，核心競爭力自身獲得不斷成長。核心競爭力的每一次躍遷式成長，都會增強企業嚴選資本的實力。例如：以引擎技術為核心競爭力，1960 年代本田摩托車從日本市場得以拓展到北美及全球其他市場，在很多國家或地區市場占有率一度達到 70%。本田摩托車的巨大成功，不僅為企業進一步發展累積了更豐富強大的物質資本、貨幣資本及智慧資本，而且引擎技術代表的核心競爭力也獲得了躍遷式成長，又能極大地促進本田汽車業務的連續成功。嚴選資本比核心競爭力的範疇更大、內容更豐富，不僅包括重要的智慧資本，也涵蓋一些關鍵的物質資本及特定時點上的貨幣資本；不僅包括過去的核心競爭力，也面向未來提升企業核心競爭力。

## 4.2.4
## 如何確認企業的嚴選資本、產品組合的成長向量及把握外部環境機遇？

在企業進入擴張發展期，商業模式也在疊代進化。對於構造核心競爭力來說，因為智慧資本具有較強的邊際報酬遞增效應，所以通常來說嚴選資本的核心內容是智慧資本，其次是貨幣資本，最後是物質資本。進一步就嚴選資本中智慧資本的構成來說，一般來說組織資本比重最大，其次是人力資本，最後是關係資本。嚴選資本的具體組成結構，要結合產業特色、環境機遇和商業模式中產品組合的特點而定。

產品組合的成長向量屬於產品策略規劃的重點內容，指的是產品組合的發展規劃，即從現有產品與市場組合向未來產品與市場組合移動的方向。一般來說，嚴重偏離成長向量不利於建構核心競爭力。考慮到環

境不確性越來越大，成長向量只能是一個可供參考的產品組合的進化方向。

環境機遇需要透過產業研究判定，常常採用五力模型、SWOT 等分析工具。

在 SPO 模型中，嚴選資本、產品組合、環境機遇三者缺一不可，並且三者必須相互匹配、有效連線，形成「三點一線」，才能湧現出系統結構下的協同效應，才能最大效能地構造核心競爭力。

# 4.3

## 成為「獨角獸」：羅馬不是一天建成的！

**重點提示**

※ 阿里巴巴的根基產品組合是什麼？

※ 民營商學院商業模式進化的難點在哪裡？

※ 賈伯斯偏執霸道，蘋果公司的企業文化優秀嗎？

矽谷的投資家將創辦時間相對較短（一般為 10 年內）、估值迅速達到 10 億美元以上的創業公司，稱為「獨角獸」；並將估值超過 100 億美元的，稱為「超級獨角獸」。俗話說，門往哪裡開，人往哪裡來。創業公司希望早日成為獨角獸企業，而風險投資公司希望多投幾個獨角獸企業。創業與投資在追逐「獨角獸」上目標一致，常常會不無默契地相互「抬轎子」──早日將處於創業階段的公司估值拉高到 10 億美元以上。

巴菲特曾說：「當大潮退去，才知道誰在裸泳。」進入 2019 年後，沒有收益的獨角獸企業遭到市場集體拋棄。美國公司 WeWork 還沒上市，估值已經跌去 80%；Lyft 和 Uber 雖然上市了，但是從上市開始股價就一路走低，多次暴跌。

以獨角獸來形容優質的創業公司無可厚非，但是「估值迅速達到 10 億美元」這個評估標準有待商榷。如果大家同意修改評估標準的話，那

麼獨角獸企業的入圍標準是否可以改為「存續至少 10 年、估值（或市值）達到 10 億美元以上且依靠核心競爭力正在實現持續成長的公司」？

我們崇尚把企業經營成百年老店，存續有 10 年時企業才算進入青年期，而之前用資本催熟的辦法提前讓企業進入青年期，副作用實在是太大了。最關鍵被認定為獨角獸企業要加上一個條件「依靠核心競爭力正在實現持續成長的公司」。它標誌著公司還在繼續成長，並且具備了一定的擴張與進化的能力，即從根基產品組合繁殖成一個產品組合「家族」的能力。

這樣，從創業到成為獨角獸，一個公司要經過創立期、成長期，然後到達擴張期，至少涉獵了企業生命週期的前三個階段。在創業期，產品組合要符合三端定位模型並形成了一個穩定的基礎銷量。在成長期，產品組合的銷量大幅增加，形成了較強的市場影響力，企業逐漸有了根基產品組合。**根基產品組合可以看成為產品組合的「母體」，進入擴張期後以此來繁衍其他產品。**

羅馬不是一天建成的！獨角獸企業進入擴張期後，如何以 SPO 模型建構核心競爭力，以促進商業模式不斷成功進化？下面透過案例來說明。

根據 SPO 模型之嚴選資本、產品組合、環境機遇三個要素，發展至今阿里巴巴的嚴選資本有哪些呢？

阿里巴巴於 1999 年創立，因為要開創一個全新而卓越的電子商務系統，因此，在打造企業核心競爭力方面，阿里巴巴的嚴選資本構成是比較全面的，經過 20 年的發展，阿里巴巴已經是市值全球排名前十、亞洲排名第一的公司。

將時間拉回到 21 世紀初，阿里巴巴創立階段面臨的環境機遇將會有哪些？一個幾乎一片空白的電商必然有如下發展機遇：網路貿易平臺、金融支持平臺、物流支持平臺、科技支持平臺、線下商務整合機遇、生

態系統建設機遇等。

　　SPO 模型的三個組成要素嚴選資本、產品組合、環境機遇共同發揮系統性作用產生核心競爭力。當三者能夠統一起來，產品組合就沿著成長向量向前進化。阿里巴巴進入擴張期以來，產品組合進行了很多次進化，核心競爭力是實踐中形成的，依靠擴張與進化的成功率衡量的，有一個較長期的累積過程。核心競爭力與嚴選資本、產品組合、環境機遇之間是相互增強回饋關係，每一次累積的核心競爭力，又「回流」作為輸入量提升嚴選資本的實力，也就增加了把握環境機遇的能力，提高了產品組合進化的成功率。

　　結合 T 型商業模式進一步研究核心競爭力的累積過程，我們將商業模式的產品組合進化表示為在根基 T 型之上一個一個同構 T 型的疊加，稱之為 T 型同構進化模型，見圖 4-3-1。根基 T 型代表根基產品組合，其上一個疊加一個的同構 T 型代表衍生出的產品組合。

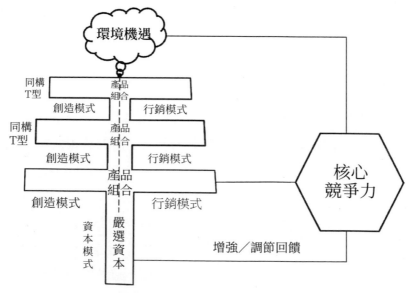

圖 4-3-1 T 型同構進化模型示意圖

　　同構 T 型的疊加都是根基 T 型的分形。**同構是指衍生的產品與根基產品組合具有共享的資本模式，尤其更多地共享嚴選資本或具有共同的嚴選資本**。從生物學上理解同構，可以認為是核心基因的一致，即一隻狗媽媽生出一個小狗，而不是生出其他物種。假如讓狗媽媽生出了一隻小烏龜，這個小烏龜就很難存活。如果為了讓小烏龜活下來，狗媽媽付出一切代價，不可為而為之，最終是母子都很難存活。這解釋了為什麼專業化進化更容易成功，而盲目多元化發展經常會陷入泥潭。

　　以大樹做比喻也很形象：根基 T 型代表樹幹，而上面一個一個同構T 型的疊加好比是大樹的很多層樹杈。樹杈再多，共享一個樹幹。樹幹不夠粗壯，上面的樹杈也長不大，更不能人為地發展太多分支樹杈，否則就有「樹倒猢猻散」的風險。企業進化發展也是這個道理，根基產品組合沒有做好，熱衷於發展新業務、收購擴張，而嚴選資本支持不足，現金流枯竭等經營風險就很大。

　　看到大學經營 MBA 教育營利得很好，便出現了很多民營商學院。對於商界人士來說，民營商學院缺乏關鍵的價值主張 —— 不能頒發官方認可的文憑。尤其近幾年，物美價廉的付費型知識教育平臺如雨後春筍般崛起，相對收費不低的民營商學院受到很大衝擊。一些民營商學院開始進行商業模式創新，依靠原有的培訓使用者資源，開始向管理諮詢、風險投資、代理招商、關係活動等新產品方向拓展。進行新產品需要有很好的根基產品，顯然民間商務培訓這個根基並不能很好地支撐管理諮詢、風險投資、代理招商、關係活動這些更難更需要獨特嚴選資本的業務。

　　臺積電創立於 1987 年，首創的晶圓代工（晶片製造）模式相當於機械製造領域的零部件代工，當時幾乎沒有人看好。直到 1998 年，在落後

兩代的 180 奈米製程上，臺積電才勉強以成本優勢被業界認可。但是，成立 30 多年來，臺積電堅持專一化產品組合進化模式，陸續度過了創立時的艱難期、網路泡沫化、全球金融危機，在業界累積了首屈一指的物質資本、貨幣資本和智慧資本。長期的專一化發展，臺積電的根基 T 型特別強大，在此之上一個接續一個同構 T 型逐漸疊加。至今，臺積電為全世界客戶生產近萬種晶片，連續多年在晶片製造領域排名世界第一。尤其臺積電已經成功量產 5 奈米製程，並領先其他世界知名廠商至少一年。2019 年臺積電全年營收為 346 億美元，稅後淨利潤為 118.36 億美元，全球市場占有率達到 52%。

我們常說，企業文化就是老闆的文化，優秀的企業文化是企業永續經營的保障。企業文化有點太虛無，不能結構化地建構。科學精神講實事求是，絕不能「一好遮百醜」。賈伯斯偏執霸道，能給蘋果公司帶來很好的文化嗎？華為公司的客戶至上文化，是優秀的企業文化嗎？**從 T 型商業模式視角，企業永續經營、不斷成功擴張和進化應該與企業的嚴選資本密切相關。嚴選資本主要來自企業的智慧資本。智慧資本包括人力資本、組織資本和關係資本。文化只是託詞或表象，其實質還要看嚴選資本這個企業進化發展的保障之源。**

嚴選資本、產品組合、環境機遇共同發揮系統性作用產生核心競爭力。核心競爭力是一種組織成長與再生能力，從簡單產品組合衍生出產品組閣家族的能力。從創立到成為獨角獸企業，不僅需要創業者不畏艱難或資本推動拉高估值，更需要十年磨礪、做時間的朋友、建構核心競爭力！

# 4.4

# 保守主義：基業長青的底色

**重點提示**

※ 在《基業長青》中，企業實現基業長青的｜條建議是如何得來的？

※ 為實現穩健經營，企業如何貫徹保守主義價值觀？

※ 就企業進化發展來說，專業化與多元化的主要區別是什麼？

　　基業長青是指企業能夠跨越生命週期，實現「長生不老」。根據「世界最古老公司列表」，全球經營超過 200 年的公司有 5,586 家，其中日本有 3,146 家，德國有 837 家。日本企業之所以更長壽，一是大部分長壽公司是中小企業，二是源於日本企業中的職人精神。「追求自己手藝的進步，並對此持有自信，不因金錢和時間的制約扭曲自己的意志或做出妥協……」這句話表達了職人精神的人格氣質，更是企業長壽的基因。

　　德國企業中的隱形冠軍更近似於基業長青，並且在數量上接近全球的一半。這些隱形冠軍的經營宗旨之一就是讓企業永續傳承。它們產品品質精良，具有說一不二的定價權，是全球某個細分領域的王者，幾十甚至幾百年穩定營運。

　　1994 年出版的書籍《基業長青：高瞻遠矚企業的永續之道》（*Built to Last: Successful Habits of Visionary Companies*）中，美國管理學者詹姆·柯林斯（James Collins）用 6 年時間持續追蹤研究了 36 家公司，從中歸

納出企業實現基業長青的 10 條建議：建構願景、教派般的文化、超越利潤的追求、膽大包天的目標……進一步歸納柯林斯這 10 條建議，也都屬於理念文化、目標願景之類。在這 36 家樣本公司中，其中 18 家屬於當時全世界業績最優秀的上市公司，包括寶潔、花旗銀行、惠普、摩托羅拉（Motorola）等，我們形象地稱它們為「貴族公司」；其餘 18 家是當時業績平庸用來充當參照物的公司，包括高露潔（Colgate）、大通銀行（Chase Bank）、德州儀器（Texas Instruments）等，我們形象地稱它們為「平民公司」。爾後 25 年過去了，當時的 18 家「貴族公司」今天情況怎樣？在世界 500 強排名中，只有 3 家是排名上升的，其餘都在下降。在業績方面，只有 11 家有正向利潤，6 家虧損，1 家（摩托羅拉）破產被收購。再看當時的 18 家「平民公司」，不僅與 18 家「貴族公司」整體差距大幅縮小，更出現了富國銀行（Wells Fargo）、輝瑞製藥（Pfizer, Inc.）等新一代優秀公司。

柯林斯關於基業長青的 10 條建議從實證歸納而來，有跡可循也有一定道理，但是直接的經驗歸納終歸依舊屬於經驗總結，常常經不住「時間朋友」的檢驗。世界變化這麼快，神仙也難預測！古希臘哲學家赫拉克利特說：「人不能兩次踏進同一條河流。」2018 年全球公司市值前十名中，網路科技公司占 7 個。這樣來看，基業長青是否是一個偽命題？如人一樣，企業有生命週期，生老病死乃常態，所以並不存在真正的基業長青。

既然劃分出獨角獸企業這一類別，我們期望它與普通企業有點不一樣。獨角獸企業的生命週期分為創立期、成長期、擴張期、轉型期四個階段，其中到了轉型期就會分叉，大致有兩種可能性：一種是找不到轉型機會，企業經過成熟期逐漸衰落；另一種是轉型成功，開啟第二成長

曲線，進入下一個生命週期循環。成為獨角獸企業，追求更多的生命週期循環，這是我們對基業長青的最新理解。

正像前文德國的隱形冠軍、日本的職人精神那樣，基業長青的底色是保守主義。一說到保守主義，人們往往會將它看作「進步」的對立面，聯想成守舊、迂腐、頑固、落後的代名詞。實際上，這是對保守主義的誤讀。為正本溯源，學者劉軍寧這樣解釋保守主義：「保守主義者認為……理性的力量相當程度上在於它與人自身的歷史、經驗和傳統的連繫。離開了後者，抽象的理性幾乎是空洞無物或荒誕不經的，至少在人的社會實踐領域是如此……人們必須尊重先輩的智慧，尊重傳統、習俗和經驗，只有這樣才能彌補人類理解與效能的不足，才能把理性的作用發揮到恰如其分的地步。」

企業要成為獨角獸，更要追求基業長青。基業長青的底色是保守主義。對於具體企業來說，筆者認為追求基業長青、貫徹保守主義可以從「科學精神、自我批判、重新聚焦」三個方面把握。

①堅持科學精神，遠離機會主義和經驗主義，這是遵循保守主義傳統。需要解釋的是，所謂「×× 主義」就是「以 ×× 為中心」。機會主義就是以機會為中心 —— 為達到目的很少顧及原則或中間的過程。經驗主義（與「理性主義」相對）就是以經驗為中心 —— 依靠自己的經驗或相信他人的經驗而在實踐中路徑依賴及隨機嘗試錯誤。保守主義 —— 以保住及守護人類文明與發展所累積的優秀成果為中心。機會主義、經驗主義是人類文明發展所要排斥的，而科學精神是人類文明發展所一貫追求的。對於促進企業發展來說，遵循保守主義傳統，我們就要堅持科學精神為顧客創造價值與創新體驗，堅持科學精神打造核心競爭力和促進企業擴張與發展，而絕不能依賴機會和經驗。

②堅持自我批判，防止歸罪於外，這是保守主義的信仰展現。從系統論角度看，企業擴張進化是增強回饋循環。簡單地說，增強回饋就是今年成長 50%，希望明年成長 100%，成長預期不斷被放大！只追求銷售成長，而忽視企業系統的同步進化，當外部環境及競爭力量突變時，會使企業落入「成長陷阱」。日常審視並定期檢討企業發展中的不均衡、不協調問題，是對企業系統的調節回饋，也叫作負回饋。自我批判旨在拉回那些偏離軌道的擴張或成長，保守住「初心」並實現穩健經營，專注於建構核心競爭力。所以，有成長及擴張策略，就要有定期覆盤、自我批判。企業經管團隊不能深刻自我批判時，就會歸罪於外，而外部環境及競爭力量是不可控因素，這樣做不僅荒廢了內部修正機會，而且也非常不利於智慧資本的累積。

③堅持重新聚焦，避免多元散亂，這是保守主義的一貫堅守。美國策略學者康士坦丁諾斯·馬基德斯（Constantinos Markides）提出重新聚焦策略理論，意指多元化經營的企業將其業務集中到和其資源和能力具有競爭優勢的領域，也表示企業的產品組合進化與創新要回歸核心競爭力。重新聚焦並提倡專業化發展，而避免多元化帶來的資源與能力散亂。

進行重新聚焦，避免多元散亂，首先要在時間維度即策略規劃上堅守保守主義。新產品沒有經過三端定位等市場檢驗，不要大規模量產和行銷；根基產品組合不夠強大時不要盲目疊加產品組合。企業應長期專注於建構核心競爭力，始終讓嚴選資本足夠支撐所有的產品組合之重。其次，要在空間維度即商業模式上堅守保守主義。以商業模式為中心，為便於表達我們構造一個三層金字塔結構，底層是企業營利系統，中間是 SPO 模型，頂層是嚴選資本，見圖 4-4-1。

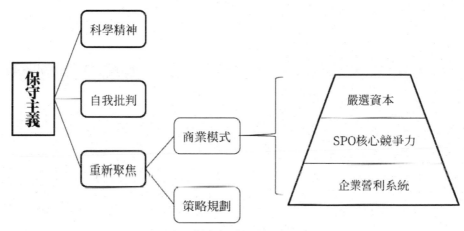

圖 4-4-1 保守主義構成要素示意圖

　　不識盧山真面目，只緣身在此山中。企業營利系統是商業模式的上一級系統。就像把握一艘軍艦的行駛還必須研究身處的海洋和駕駛的官兵一樣，我們把握商業模式還要關注它的驅動者——經管團隊、未來發展方向——策略路徑。單一視角的思考往往會放大自身優勢，無知者無畏，造成策略激進和偏離軌道。包括第五項修練等理論一直提倡系統思考，但是一直沒有可供參考的系統。今天有了系統即企業營利系統，堅持保守主義，非常有必要系統思考。本書第 6 章主要講述企業營利系統的相關內容。

　　SPO 核心競爭力模型其實是企業營利系統的至簡化表達，它代表著內部優勢與外部機遇具有一致性的前提下，才能實施產品組合的進化。堅持保守主義的產品組合進化，就是堅持嚴選資本、產品組合、環境機遇三者缺一不可，並且三者相互匹配、形成「三點一線」，持續建構企業核心競爭力。

　　嚴選資本是資本模式賦能及打造企業核心競爭力的關鍵要素。保住及守護企業的嚴選資本，不斷增強增厚企業的嚴選資本，是重新聚焦策

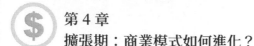

略的核心。只有具備嚴選資本，才能建構企業核心競爭力；只有具備核心競爭力，才能有可持續發展的企業營利系統。

重新聚焦的保守主義理念崇尚專業化發展，但是也不完全排斥多元化模式。運動鞋是 Nike 公司的根基產品組合，而服裝、運動器材等都是衍生產品組合。看起來 Nike 有多元化產品組合，但是它還是專業化公司。圍繞品牌和科技創新這些嚴選資本，Nike 的衍生產品是在運動鞋這個根基產品規模化基礎上的範圍化擴充。像 Nike 那樣寬容的專業化，並不是多元化，依舊是專業化。它是在做好規模經濟的基礎上圍繞嚴選資本衍生一些範圍經濟，所有產品組合有一個同心圓。多元化是範圍經濟優先然後再設法擴充一些規模經濟，全部的產品組合屬於多個同心圓。美國奇異公司（General Electric Company，簡稱 GE）及 3M 公司是真正的多元化公司，並有多個商業模式。就像樂透，也有多元化公司取得了極大成功，成功的原因是多個商業模式之間有資本共享的網路或紐帶。形象地比喻，它們有多個樹幹，但是共享一個龐大的樞紐根系。

追求基業長青，才是真正的獨角獸企業。暢銷書《基業長青：高瞻遠矚企業的永續之道》給出的 10 條建議依舊屬於理念文化、目標願景之類，僅供參考。基業長青的底色是保守主義，而貫徹保守主義可以從「科學精神、自我批判、重新聚焦」三個方面把握。時間維度上企業的策略規劃要遵循保守主義，空間維度上企業的商業模式要遵循保守主義。策略與商業模式共舞，持續建構核心競爭力，才能將企業打造成超越生命週期的獨角獸！

# 第 5 章

## 轉型期：如何開闢第二曲線？

### 本章導讀

　　說到企業轉型，不少人對第二曲線理論耳熟能詳。企業轉型的過程複雜而艱鉅，涉及一個組織與外部環境互動的諸多方面，顯然只有第二曲線原理作為企業轉型的理論指導還遠遠不夠。舉個例子，第二曲線理論之於企業轉型的重要性相當於牛頓運動定律之於物理學的重要性，但是物理學的內容遠比單一的定律浩瀚且複雜得多。同理，簡單幾句話就能把第二曲線理論說明白，但是企業轉型在實際中涉及企業營利系統方方面面的遷移和重塑。

　　除了第二曲線及非連續性創新，本章重點講述：雙 T 連線轉型及其三大原則、五個步驟，藍海轉型的適用性及局限性……

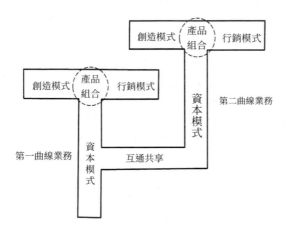

### 三大原則

1 頂層設計獨立性原則；
2 相似商業模式優先原則；
3 第一曲線資本利用最大化原則。

### 五個步驟

1 盤點第一曲線業；
2 尋找第二曲線業務；
3 建構商業模式；
4 創業與孵化；
5 分階段系統化。

【第 5 章重點內容提示圖】雙 T 連線模型的三大原則及五個步驟

# 5.1

## 企業轉型何其難！第二曲線與藍海轉型，哪個更有效？

> **重點提示**
> ※ 面對業務轉型，企業應該在什麼時候開啟第二成長曲線？
> ※ 英特爾兩次轉型成功的原因是什麼？
> ※ 以藍海策略指導企業轉型的優勢和劣勢各是什麼？

　　獨角獸企業追求可持續發展，生命週期分為創立期、成長期、擴張期、轉型期四個階段。如果在轉型期成功開啟第二成長曲線，企業就可以進入下一個生命週期循環。成為獨角獸企業，企業應該追求更多的生命週期循環。所以，長期來看企業轉型是一個週期性要面對的問題。

　　企業轉型必然存在的理由之一是技術進步或顛覆式創新導致原來的商業模式老化了。如果不能及時轉型、跟上時代變革的需要，企業就會被淘汰出局。例如，以三星、蘋果為代表的廠商，率先向市場推出配有作業系統可以下載各種應用軟體的智慧型手機。依據這樣的產品組合，先行者形成了一種全新的商業模式。Nokia 固守功能型手機，沒有及時轉向這個全新的商業模式，在顛覆式創新引起變革的時代，沒過幾年它的手機業務就「淪陷」了。

　　在功能機時代，Nokia、摩托羅拉等世界知名手機廠商都有改善的管理體系、紮實的產品品質和國際化的銷售管道，但是當顛覆式創新到來

時，之前日積月累的競爭優勢彷彿一日之間都化為烏有了。荀子《勸學》中有這樣一則寓言：南方有一種叫「蒙鳩」的鳥，用羽毛做窩，還用毛髮把窩編結起來，把窩系在嫩蘆葦的花穗上。風一吹，葦穗折斷，鳥窩就墜落了，鳥蛋全部摔爛。不是窩沒編好，而是不該繫在蘆葦上面。所以，每個企業都要想一想：現有的商業模式是否已經過時？替代性產品或顛覆性技術是否正以不可阻擋之勢席捲而來？

企業轉型必然存在的理由之二是原有商業模式遇到了成長天花板。這可能是因為產業空間有限，也可能是因為產業競爭激烈，總有一個時間點，原有商業模式到達成長拋物線的頂點。企業應該在成長拋物線的頂點到來之前開闢一個新的商業模式，起初兩個商業模式可以並駕齊驅，然後是此消彼長的局面，企業順利完成轉型。例如：小米公司起初的商業模式為「手機硬體＋MIUI系統＋米聊軟體」三駕馬車，創立伊始就是在三星、蘋果等國際大廠的夾縫中求生存。後來又出現了華為、vivo、OPPO等各有競爭優勢的同業競爭者。因此，小米手機必然會遇到成長天花板。2018年，小米手機全球出貨量約1.23億臺，已經達到成長拋物線的頂點。小米公司管理團隊在此之前及早布局了商業模式的轉型與更新，所以小米公司在香港上市後，商業模式能夠及時轉型為「硬體＋新零售＋網路」鐵人三項組合型商業模式。其實小米的這個鐵人三項已經是三個商業模式了，原來的智慧型手機業務也只是新商業模式中「硬體」的一部分。

原有商業模式總要過時或老化，所以為轉型而創新是一個永恆的主題。這有點像石油產業的打油井。找到一口油井，就要尋找下一口，否則資源開採完畢之時就是企業滅亡之日。如果沒有及早啟動商業模式轉型，過了成長拋物線頂點後，企業就會進入衰退區。進入衰退區後，企

業作為一個系統，熵增是必然出現的。某些層面上逐步處於封閉狀態，所以失速點也必然出現。在著名的商業報告《失速點》（*Stall Points*）中說，企業一旦遭遇失速點，只有 4% 的企業可以重啟成長引擎。換句話說失速點幾乎等同於死亡點。

關注未來是領導者的頭等大事。歐洲學者查爾斯·韓第（Charles Handy）早在 1980 年代就提出第二曲線轉型理論，藉以說明企業要在第一項業務（第一曲線）還在高峰時，找到另外一條出路（第二曲線）。通常企業的生命週期為創立期、成長期、擴張期、衰退期，如同一條橫躺著的 S 形曲線。如果企業能在第一曲線到達巔峰前，找到讓企業二次騰飛的第二曲線，並且必須在第一曲線達到頂點前實現成長，讓後一個 S 形曲線承接前一個 S 形曲線，那麼企業永續經營的願景就能實現，見圖 5-1-1。

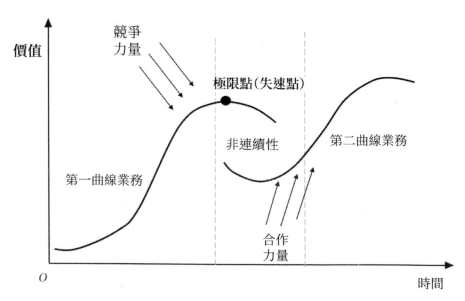

圖 5-1-1 第二曲線業務承接第一曲線業務企業轉型示意圖

　　韓第是在一次旅行途中悟出這個道理的。他向一個當地人問路。當地人告訴他，沿著這條街一直往前走，就會看到一個叫 Davy 的酒吧，在離酒吧還有半英哩[001]路的地方往右轉，就能到他要去的地方。在指路人離開之後他才明白過來，指路人說的話一點用都沒有。因為當他看到酒吧的時候，他已經錯過那個該右拐的地方了。

　　當你覺得現在非常舒適的時候，就是第一曲線即將下墜的開始。持續成長的祕密就是在第一條曲線下墜之前開始一條新的曲線。然而，這個時點又恰好接近第一曲線的頂峰，這是公司的黃金時代，領導人很少有遠見和勇氣投入充分的資源來培植一項短期內沒有收益的業務。

　　這就是生命週期的曲線邏輯導致的成功悖論：你成功了是因為第一曲線邏輯，這個邏輯同時轉化為讓你沾沾自喜的經驗。如果你過度依賴讓你成功的經驗邏輯，那麼它就會把你帶向平庸或失敗。另外，開啟第二曲線不排除借鑑第一曲線的有效經驗，但是第二曲線必有自己獨特的成功邏輯。企業沒有及時開啟第二曲線，必然遭遇衰退；即使開啟了第二曲線，也只是一項風險投資，企業轉型遠遠比我們想像的要複雜和艱難。

　　1985 年，由於儲存裝置的市場機會被日本廠商的低成本策略摧毀了，英特爾的市場份額從 90% 猛跌至 20% 以下，陷入前所未有的經營困境。尋找突圍方案，先從提出問題開始。英特爾 CEO 高登‧摩爾（Golden Moore）問了總裁安迪‧葛洛夫（Andy Grove）一個問題：「如果我們被掃地出門，董事會選新的 CEO 過來，你覺得他會做什麼決定？」葛洛夫沉思良久，最後回答說：「新來的人肯定會讓英特爾遠離儲存裝置市場。」沉默一會兒後，葛洛夫再問摩爾：「既然如此，我們為什麼不自己來做這件事呢？」

---

[001]　　1 英哩＝ 1.609344 公里。

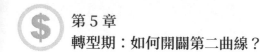
　　當時，在所有人心目中，英特爾就等於儲存裝置。要大家立即放棄已經贏得的江湖地位，一切從零開始，這何其難？所以這可能是商業史上最經典的第二曲線轉型決策。「欲練此功，必先自宮」，這句話出自《笑傲江湖》，但是「就算自宮，未必成功」。果敢的是，英特爾立即關閉儲存裝置生產，開始孤注一擲投入微型處理器研製；幸運的是，兩年後英特爾全面重生。到 1992 年，英特爾已經是全世界最大的半導體公司。

　　2019 年，英特爾新任 CEO 鮑勃‧斯旺（Bob Swan）在致全體員工的一封信中表示：「我們已經開始轉型，並相信這將是公司歷史上最成功的轉型。我們正在從以 PC 為中心轉型成為以數據為中心的公司……」2018 年英特爾全球營收達到了 708 億美元，再創歷史新高，在本領域坐穩全球第一的位置。其實，幾年前英特爾就開始實施轉型，有波折也有嘗試錯誤，可喜的是以「數據為中心的業務」實現了爆發式成長，目前已經占據英特爾 48％的營業額。

　　英特爾的兩次成功轉型，很好地闡述了第二曲線連續成長原理的指導意義。獨角獸企業追求可持續發展，如何實現擴張期後的轉型，從轉型期再進入後續的成長循環，也需要參考第二曲線連續成長原理。

　　從第一曲線順利過渡到第二曲線，轉型的過程是一個策略，也是一個工程。第二曲線原理屬於「理科」內容，可以給出理論指導，但是還不能代替「工科」所給出的具體實施方案。

　　藍海策略的研究者給出了藍海轉型的具體實施方案，大致包括「啟程→確定你現在的位置→想像你能在哪裡→找到通向藍海之路→實施藍海行動」共五大步驟。

　　但是，藍海策略其應用存在固有的局限性：

　　①藍海策略是從紅海中開關藍海，即從現有產品中找到「低成本＋

差異化」可以統一起來的改進機會。舉例而言，它解決的是馬車時代如何發現更高性價比馬車的問題，但是不會涉及汽車替代馬車的顛覆性問題。科技進步越來越快，不僅汽車替代馬車，而且各式各樣新型的「交通運輸工具」已經接踵而至。近些年的實踐證明，企業轉型到全新產品領域比改進紅海中的老產品有更多可以發掘的機會。

　　②實施藍海策略的核心是將「低成本＋差異化」統一起來為顧客創造獨特價值。但是，這只能更好地滿足追求平價優質、高性價比等個別細分市場的顧客需求。我們知道，顧客的需求各式各樣，企業應有對應的差異化價值主張。例如，有顧客喜歡買像愛馬仕（Hermès）、百達翡麗（Patek Philippe）等價格特別高的奢侈品，有顧客喜歡買像蘋果、Nike 等較高價格的品牌產品，還有顧客喜歡買像網拍平臺提供的以「低價格＋低品質」為特色的相關產品。因此，藍海策略並不是一個通用的轉型理論。

　　③從 T 型商業模式的視角看，藍海策略聚焦於產品如何定位，實際上屬於商業模式定位的一部分內容。即使透過藍海策略四步動作框架及策略布局圖等有效工具將紅海產品更新為藍海產品，但是開放的市場中必然吸引競爭者、模仿者蜂擁而至，藍海又很快變成紅海，所以依賴短促而靜態的定位方法實施企業轉型必然面臨九死一生的局面。

　　④藍海策略給出的是產品競爭時代企業轉型的方法論，顯然在商業模式時代以產品組合為競爭特色的企業轉型需要尋找更普遍適用的方法論。

　　科技進步日新月異，商業社會變化萬千，市場競爭花樣百出，未來具有更多不確定性，所以必然沒有任何一個理論可以解決所有轉型問題。關於企業轉型的可參考理論，尤其是可以實踐執行的「工程化」方法論並不多。相對而言，藍海策略給出的企業轉型五大步驟、四步動作框架、策略布局圖等都是理論與實踐有機結合的比較實用的方法論。

# 5.2

## 如何把大象放進冰箱？雙 T 連線模型及其五個實施步驟

重點提示

※ Google X 部門對於本企業可持續發展有什麼價值貢獻？

※ 傳統企業轉型如何與二代接班合作起來？

※ 在智慧型手機時代來臨時，Nokia 轉型失敗的原因有哪些？

企業轉型也可以叫作策略轉型。管理學有一些概念，其邊界往往不是特別清晰。我們所說的企業轉型是指第二曲線逐漸替代第一曲線的策略轉型，專業的說法叫作新商業模式替代原來的商業模式。

企業轉型的過程複雜而艱鉅，涉及一個組織與外部環境互動的諸多方面，顯然只有第二曲線原理作為企業轉型的理論指導還遠遠不夠。舉例而言，第二曲線理論之於企業轉型的重要性相當於牛頓運動定律之於物理學的重要性，但是物理學的內容遠比單一的慣性定律浩瀚且複雜得多。同理，簡單幾句話就能把第二曲線理論說明白，但是企業轉型在實際中涉及企業營利系統方方面面的遷移和重塑。

雖然說企業轉型可以簡便地描述為新商業模式替代原來的商業模式，但實際上這是一個牽一髮而動全身的系統性工程。商業模式的上級系統是企業營利系統（在本書第 6 章專門闡述），它含有經管團隊、商業模式、策略路徑三個基本要素及管理體系、企業文化等若干按需選取的輔助要素。

經管團隊驅動商業模式，沿著策略路徑實現企業願景，這是企業營利系統的第一性原理，也是企業頂層設計的第一性原理。企業轉型就是再造一個新商業模式，然後逐步以新商業模式替代原來的商業模式。擁有新商業模式之時，必有新的經管團隊和新的策略規劃發展路徑，它們是同步發生的。也就是說，創造一個新商業模式的同時，新的營利系統也同步跟隨著形成了。

## ■5.2.1
## 誰來承擔企業轉型重任？

我們首先探討一下，新的經管團隊在最起初是什麼樣子。根據第二曲線理論，當第一曲線業務如日中天時，企業領導人就要籌備第二曲線業務了。籌備之初，有必要成立一個類似於創業小組的機構，它就是未來新的經管團隊的前身。創業小組成員應該富有創業熱情、有創新開拓能力、有相關經驗等，這些都是常規的要求。承當企業轉型重任，最關鍵是誰來領導這個創業小組？

Google X 是 Google 公司最神祕的一個部門，主要負責與第二曲線成長相關的創新業務，包括自動駕駛、Google 眼鏡、未來實驗室（Future Lab.）等。Google 創辦人賴利・佩吉（Larry Page）之所以讓專業經理人桑德爾・皮查伊（Sundar Pichai）接棒 GoogleCEO 而自己去負責 Google X 的創新業務，是因為他深刻認識到，如果不是老闆從最高層打破原有利益格局，顛覆性創新就根本不可能推動！因此，佩吉選擇了那條最艱難的路，他要親自負責 Google X 創業小組，繼續帶領 Google 跨越非連續性創新，這是真正的企業家精神。Google 之所以偉大，能夠不斷跨越非連續性創新，成功找到 Chrome 瀏覽器、Android 手機作業系統、You-Tube 等諸多第二曲線成長業務，得益於其極富遠見的經管團隊。

## ■ 5.2.2

# 商業模式新舊更替時的「雙 T 連線模型」

開關第二成長曲線與全新創業的最大不同是它有一個新舊商業模式的更替。可以用英文簡稱「M＋EPC」概括之，中文表達就是核心產品真空集熱管製造（M）＋光熱發電工程總承包（EPC）。

所謂 T 型商業模式是指企業的商業模式可以由創造模式、行銷模式、資本模式三者組成的一個 T 型來圖示表達。第一曲線業務的舊商業模式是一個 T 型，第二曲線業務的新商業模式也是一個 T 型。從 T 型商業模式看，企業轉型的新舊兩個商業模式之間存在著緊密的資本模式連線關係，稱其為「雙 T 連線模型」，見圖 5-2-1。

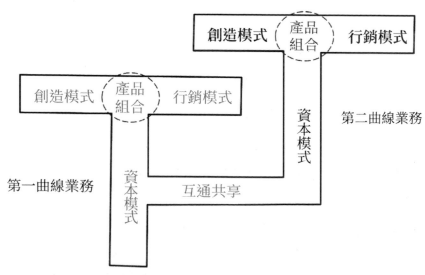

圖 5-2-1 雙 T 連線模型示意圖

雖然成功轉型有機率、運氣及創辦人等諸多因素，但是成功必然有跡可循，也有一些基本原則和原理可以把握。對比來看，Nokia 從功能型手機向智慧型手機轉型時卻一敗塗地，折戟沉沙的原因在哪裡？網路流

傳了一個事件，2007 年 1 月賈伯斯發布首款蘋果智慧型手機 iPhone 時，Nokia 等傳統廠商給出了嘲諷式的評價：一款沒有鍵盤的手機能做什麼？拍照功能差勁，還敢叫作智慧型手機？大西洋對岸那些傳統 PC 廠商怎麼會懂手機！

　　Nokia 前 CEO 約瑪・奧利拉（Jorma Ollila）對這個問題的回答應該更有權威性。他說，早在 1996 年，Nokia 就推出過一部開創性的智慧型手機 Communicator。只是當蘋果、Google 和微軟相繼為手機開發作業系統時，Nokia 卻無法跟上。「在美國西海岸，電腦產業的底蘊和作業系統專業技術太過於豐富。」奧利拉說，「這是最主要的原因。」第二個原因是，Nokia 此前是如此成功，以至於尾大不掉。

　　今天以「事後諸葛亮」的角度來看，Nokia 失敗的主要原因是不符合雙 T 連線模型的相關原則。第一，新開創的業務，即第二曲線事業從開始就應該建構成一個獨立的 T 型商業模式，而不能成為過去業務的一個部門或新產品小組。企業轉型的核心是商業模式的轉型，新舊商業模式分別是兩個獨立的「T」，才能構成雙 T 連線模型。與之相反的是，Nokia 將智慧型手機業務當成了一個新產品備選專案，歸屬於一個較低階的管理部門負責，顯然沒有將它放在第二曲線事業的策略高度。第二，從策略重要性上規定，第二曲線業務應該比第一曲線業務更重要。在雙 T 連線模型中，兩者的地位是不平等的。第一曲線業務代表過去，而第二曲線業務代表未來。一旦啟動第二曲線，第一曲線的主要任務就是為第二曲線賦能。顯然，在這一點上 Nokia 做得也不好，「The Five」（Nokia 管理層五人決策小組）中沒有一人專門負責智慧型手機新事業，所以就談不上第一曲線全力為第二曲線賦能。第三，在雙 T 連線模型中，第一曲線資本全力賦能第二曲線，不足部分第二曲線可以對外引進購買或透

過合資合作獲得。從這一點說，Nokia 應該及早成立智慧型手機事業部，並在美國西海岸成立獨資公司或者與微軟、Google 等公司合資或合作，總比後來以「跳樓價」處理掉自己的傳統手機業務要好得多。

以雙 T 連線模型指導企業轉型主要有三大原則，分別是：①頂層設計獨立性原則；②相似商業模式優先原則；③第一曲線資本利用最大化原則。以上對 Nokia 案例的相關討論只是這三大原則的一部分內容，更詳盡的闡述參見章節 5.3。

企業開關第二曲線業務，就是建構一個新商業模式，是真正的二次創業。在新專案創立階段，要對商業模式定位。關於如何定位，可以參照本書第 2 章產品組合差異化、三端定位的相關內容。新商業模式定位成功後，一個新的生命週期循環又開始了，從創立期到成長期、擴張期、轉型期，周而復始。

## 5.2.3
### 把企業轉型看成一個工程專案

從第一曲線到第二曲線，新舊商業模式之間實現替換是一個中長期的時間過程。凡事豫則立，不豫則廢。企業轉型需要一個策略規劃路徑，並且這個策略規劃路徑是第一曲線與第二曲線之間的一個橋梁。

商業模式從策略中獨立出來後，原來的策略 5P 就只剩下了計劃、對策和觀念三部分內容了。在企業營利系統中，我們以策略規劃統一代表計劃、對策和觀念三部分內容。但是，涉及具體策略事項時，還要對計劃、對策和觀念三部分內容分別討論。由於企業轉型涉及的對策問題與外部環境突變或突發事件相關，需要一事一議，所以此處我們只討論策略的計畫、觀念兩方面相關內容。

　　從策略觀念上說，企業轉型首先是領導人的心智模式轉型。美國管理學家赫伯特‧西蒙（Herbert Simon）說「管理就是決策」，這句話特別強調了決策在經營管理中的重要性。不言而喻，企業轉型時領導人做出的一些關鍵決策尤其重要，而如何做決策與心智模式有關。大致說來，一個領導人做決策時有三種心智模式：直覺機會型、經驗依賴型、科學規範型。

　　直覺機會型的領導者喜歡追逐風口，對投機和潮流推波助瀾，對偶然的一次成功沾沾自喜。如果這樣的領導者負責企業轉型，那麼轉型成功率就會降低到抽樂透「中大獎」的機率。

　　**經驗依賴型的領導者依靠自己的經驗或盲從他人的建議做決策，其主要問題是在具體實踐中形成路徑依賴或不斷隨機嘗試錯誤**。關於經驗主義心智模式，特蘭‧羅素（Bertrand Russell）有一個非常著名的比喻：農場裡面有一隻火雞，每天看到農場主準時來餵自己，這隻火雞就認為農場主的到來和餵食存在著必然的因果關係。為準備豐盛的節日菜餚，到感恩節前一天，農場主也準時來了，不過這次不是餵食而是舉起了屠刀。大量的過往第一代企業經營者是經驗型心智模式，所以他們過去的成功反而導致了現在的企業轉型失敗。不斷轉型不斷失敗，原因在於對過去經驗或他人建議的路徑依賴。

　　企業轉型面對的問題艱難而複雜，需要領導者有科學規範型的心智模式。這要求領導者在實踐中多學習相關理論，從實踐感性躍遷到實踐理性，逐步建構與實踐能夠有機結合的分析決策模型。

　　心智模式是一個很頑固的存在，常常需要藉助外部力量才能改變軌道。1998 年，華為公司遭遇前所未有的發展困境，開始啟動第二次企業轉型，當時華為成立僅 10 年，為了企業轉型，其手筆之大，決心之

強烈，在企業中比較少見。除了 IBM，華為還曾聘請過埃森（Accenture）、波士頓諮詢（Boston Consulting Group）、普華永道（PricewaterhouseCoopers）、美世（Mercer）、日本豐田董事等諮詢公司或專家，歷年來累計支付給各類諮詢公司的諮詢費高達幾十億美元。

　　從策略的角度看，企業轉型屬於獨特的在限定資源和時間完成的一次性任務，所以適合當成一個工程專案進行規範管理。然而，企業轉型的成敗又與外部環境密切相關，在人財物耗費及時間節點上具有很大的不確定性。新產品開發、商業模式的產品組合定位及上市銷售相當程度上取決於外部環境條件，所以企業轉型過程具有反覆性和高風險性的特徵。這樣綜合下來，對於企業轉型的計畫、規劃及執行最終要形成一個可容忍不確定性和具有強風險管控特點的工程專案制管理體系。

　　面對高風險性和高度不確定性，將企業轉型過程結構化分解，將更有益於專案管理的實施。如同「如何把大象放進冰箱」這類有點不可思議的問題，結構化分解後就可能找出解決方案。我們簡單示範一下如何把大象放進冰箱，結構化為三個步驟：第一步，把冰箱門開啟；第二步，把大象裝進去；第三步，把冰箱門關上。大象個頭太大怎麼辦？找一個更大的冰箱或者把大象化整為零；大象不願意進入冰箱怎麼辦？把大象麻醉然後拖拽進去或者以食物作為誘餌或者殘忍一點……對於高度複雜性、不確定性問題，我們需要這樣的結構化分解和腦力激盪的集思廣益。

　　企業轉型的核心內容就是新舊兩個商業模式之間的過渡。從雙 T 連線模型看，就是將原有「T 型」的可用資本轉移到另一個全新的「T 型」。策略規劃及專案式管控就是保障新舊商業模式轉型有步驟、有架構地進行。整體而言，以雙 T 連線模型為指導，企業轉型可以劃分為以下五個步驟，見圖 5-2-2。

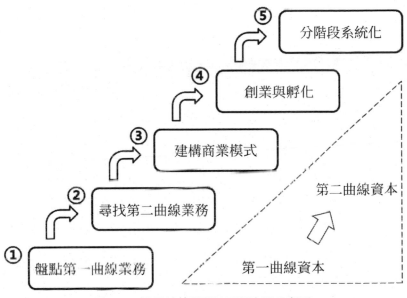

圖 5-2-2 雙 T 連線轉型的五個步驟示意圖

①盤點第一曲線業務。這又可分為兩個步驟：

1. 判斷企業的第一曲線業務的持續時間，還可以產出的淨現金流；面臨的主要困境及可以延長業務期限的各項措施；第一曲線業務出售或被併購的可能性及收益大小。

2. 重點盤點第一曲線業務的可用資本，包括物質資本、貨幣資本及智慧資本三個方面。

②尋找第二曲線業務。尋找及選擇第二曲線業務時，要重點關注那些與第一曲線業務相關的產業、代表未來的新興產業等。重點研究一下所關注領域的未來發展空間、產業競爭結構、利潤率趨勢、人才供應及龍頭公司的經營情況等，也要關注新業務領域與第　曲線業務的商業模式相似性、資本共享程度、區位優勢及政策導向等問題。

第 5 章
**轉型期：如何開闢第二曲線？**

　　尋找第二曲線業務時，可參照風險投資機構尋找和評估優質創業專案的方法、流程及關注點等。

　　③**建構商業模式**。企業確定了第二曲線業務的方向領域，接著就要為此建構商業模式，包括產品組合定位、創造模式、行銷模式及資本模式等，詳見《T 型商業模式》及本書相關章節的闡述。

　　④**創業與孵化**。這包括配備初始創業團隊，制定策略發展規劃、各項業務計劃及其落地實施。創業與孵化階段可以重點參考艾瑞克・萊斯（Eric Ries）《精實創業：用小實驗玩出大事業》（*The Lean Startup*）所介紹的「驗證性學習」方法論，即先向市場推出極簡的原型產品，然後在不斷地試驗和學習中，以最小的成本和有效的方式驗證產品是否符合使用者需求，並根據具體情況靈活調整方向。

　　⑤**分階段系統化**。分階段系統化就是逐漸改善處於創業孵化期專案的營利系統，順利度過創立期，進入成長期等。首先分階段改善企業營利系統的三個基本要素：經管團隊、商業模式及策略路徑；其次分階段建構及實施管理體系、企業文化、資源平臺等若干所需要的輔助要素。

　　分階段系統化也是第一曲線業務的可用資本逐步轉移到第二曲線業務的過程。

# 5.3

# 以「雙 T 連線模型」指導企業轉型的三大原則

　　原則可以看作是處理問題時的指導思想。以雙 T 連線模型指導企業轉型主要有三大原則，分別是：頂層設計獨立性原則、相似商業模式優先原則、第一曲線資本利用最大化原則。因為它們用在企業轉型方面，必然有一些能在具體場景中靈活發揮的餘地，所以這三大原則僅供大家參考。

## 5.3.1
### 頂層設計獨立性原則

　　頂層設計獨立性原則是指企業轉型時第二曲線業務（創業公司）不能長期依附於第一曲線業務（總公司），而是應該盡快具有相對獨立的經管團隊、商業模式、策略規劃、管理體系、企業文化等企業營利系統基本要素和輔助要素。

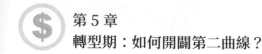

第 5 章
轉型期：如何開闢第二曲線？

　　企業轉型就是再創業。創業公司的核心工作是尋找正確的產品組合，不停地去驗證和嘗試錯誤。這是一個差異化創新與變異的過程，意味著創業公司與總公司的標準作業秩序有很大不同。總公司已經進入成熟期甚至衰退期，核心工作是執行，而加強執行就需要不斷修訂 KPI、不斷改善流程。創新學者史蒂夫・布蘭克（Steve Blank）說：「大公司每增加一個提高執行力的流程，就等於增加了一條防止逃逸的繩索，於是企業創新的動力變小而阻力更大。」

　　為了企業轉型或未雨綢繆，一個大公司開始重視內部創業，不少公司還有內部孵化器。我們看到，大多數內部創業都歸屬總公司的一個部門管理，納入總公司的各項管理流程。令人擔憂的是，從事傳統業務的總公司講求秩序和追求效率，重視 KPI（Key Performance Indicators，關鍵績效指標）和管理流程。這樣的企業文化有很大可能性會採用傳統的經營指標來衡量和考核這些內部創業專案，並且仍然按照傳統的方法給這些創業專案分配資源。長此以往，內部孵化器就會演變為企業的一個形象工程，淪為吸引媒體關注、降低企業轉型焦慮感的一個所謂二次創業的「作秀劇場」。

　　為了打破這些類似於創業作秀的局面，需要做好四點。

1. **創業公司的領導者要具備決策上的獨立性**，最好是總公司的權威人士全職負責創業公司的業務。例如，Google 創辦人佩吉全職負責創業孵化器 Google X，而將 Google 交給專業經理人全權負責。

2. **創業公司要以提升專案成功率為最高準則吸引內外部人才加盟**。新專案的經管團隊既要建構新商業模式，又要推動新商業模式營利，所以人才的重要性怎麼強調都不為過。

3. **商業模式的獨立性也必不可少**。為了能夠早日獨立運作，創業公司

要逐漸在創造模式、行銷模式及資本模式上具備獨立性。其中，最關鍵是企業所有者的獨立性，也就是說創業公司是一個真正獨立的公司，股權比例越大的股東應該對專案成功付出越多，否則企業轉型很難成功。創業專案還可以有股權激勵和對外融資的安排，以聚集更多能保證專案成功的有生力量。

4. 創業公司要有策略規劃上的獨立性，前期主要包括獨立的投資預算、產品開發計劃、人才引進計劃及選址的獨立性。尤其是創業公司的選址方面，不要純粹為了降低費用而長期駐在總公司，而是應該盡快在相關產業聚集區建立據點。如果 Nokia 的智慧型手機專案當初選在美國矽谷創立，也許今天手機產業的競爭格局就會有很大不同。

## 5.3.2
## 相似商業模式優先原則

相似商業模式優先原則約等於俗語「不熟不做」。相似商業模式主要是指新舊商業模式在創造模式、行銷模式、資本模式方面有一定的相似性。

相似商業模式也可以新舊商業模式彼此屬於產業鏈延伸、產業相關或同處於一個生態圈等。例如，IBM 從 IT 硬體製造商業模式轉向服務和軟體，屬於產業相關性轉型；本田從摩托車製造向汽車製造轉型也屬於產業相關性轉型。小米公司從手機業務轉型更新為生態硬體、網路服務及新零售屬於從產品向生態圈轉型。

「不熟不做」可以增加企業轉型成功的機率，但是企業轉型也不能「唯基因論」。企業從傳統業務轉型到一個新業務，一是要盡量追求商業

模式的相似性，二是一定要用三端定位、五力分析模型等產品定位工具
分析一下。

傳統企業陷入經營困境，一個主要原因是產業內出現了顛覆性創
新。電子商務顛覆了線下商業管道，數位相機顛覆了膠片相機，智慧型
手機顛覆了功能型手機等。這些顛覆與被顛覆之間商業模式非常相似。
某種程度上說，傳統企業比外來顛覆者更有技術、產品、客戶等核心能
力與關鍵資源方面的優勢。為了防止被顛覆性創新所取代，傳統企業就
要預見未來，儘早布局轉型，自己顛覆自己。商業模式的顛覆式創新基
本上分為三種：

1. **使用者體驗上的顛覆。你能把原來很不方便的服務或者產品做得特
   別方便。** 比如說，對於絕大多數普通人來說，使用底片相機時沖洗
   底片太不方便，而且沖洗出來之後才知道到底拍得好不好。不像數
   位相機，即拍即見，而且可以很方便地在網路上分享。

2. **產品組合上的顛覆。把原來很貴的東西變得異常便宜，或者把原來
   收費的東西變成免費。** 防毒軟體將防毒的功能免費，可以依靠免費
   帶來的巨大流量開展瀏覽器、搜尋等衍生業務實現營利。

3. **技術創新帶來的顛覆。** 例如，電晶體替代電子管，而後來半導體晶
   片又替代了電晶體。

之所以提出相似商業模式優先原則，主要是因為新商業模式可以繼
承原來的商業模式更多有效能的資本。

### ■ 5.3.3
## 第一曲線資本利用最大化原則

如果認識到第一曲線業務（總公司）即將成為明日黃花，企業就應該把第二曲線業務（創業公司）放在優先發展的策略地位上。此種情形下，轉型一旦啟動，總公司的主要任務就是為創業公司賦能。相應地，第一曲線資本利用最大化原則可以從以下三方面理解：

總公司剩餘期限的發展規劃應該跟隨創業公司的發展規劃。

總公司所擁有的而恰好是創業公司所需要的有效能資本最大化地轉移到創業公司。企業的資本包括物質資本、貨幣資本及智慧資本三大類，其中智慧資本是企業資本的核心內容，詳見本書章節 4.1 的具體闡述。

從長遠出發、系統思考，總公司為創業公司的發展做出必要讓步和犧牲。

# 第 6 章

## 成為獨角獸：如何系統思考？

### 本章導讀

　　成為獨角獸企業，經管團隊應該學會系統思考。但是，巧婦難為無米之炊，應該先有一個系統，我們才能進行系統思考。本章提出的慶豐營利系統，如同「人＋車＋路」系統，經管團隊好比是司機、商業模式好比是車輛、策略路徑好比是透過導航規劃的行車路線。

　　現在流行講第一性原理、頂層設計、思維模型。慶豐營利系統就是經營企業的第一性原理，也是頂層設計的思維模型。

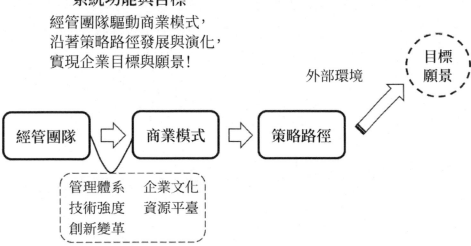

【第 6 章重點內容提示圖】慶豐營利系統中的「系統思考」示意圖

# 6.1

## 認知更新：企業營利系統的必要性及其構成

**重點提示**

※ 如何為《第五項修練》的系統思考找到一個「系統」？

※ 慶豐營利系統對於企業經營有什麼現實意義？

※ 眾多企業學習華為、模仿海底撈，為什麼鮮有成功者？

　　成為獨角獸企業，經管團隊應該學會系統思考。

　　對於一個組織來說，如何將拼湊的一夥人打造成團隊？彼得·聖吉在 1990 年提出的「五項修練」依然是最有效的解決方案之一。「五項修練」是指：①自我超越；②改善心智模式；③建立共同願景；④團體學習；⑤系統思考。彼得·聖吉認為，前面四項修練最重要的目的之一是為了形成第五項修練 —— 系統思考，所以他將關於「五項修練」的書籍叫作《第五項修練》。

　　但是，巧婦難為無米之炊，應該先有一個系統，我們才能進行系統思考。彼得·聖吉的「五項修練」適用於任何一個有願景和使命的組織。俗話說，在什麼山就唱什麼歌，到什麼廟就唸什麼經。我們立足於希望更多的企業成為獨角獸，所以僅需要建構一個對企業整體思考的系統，姑且稱之為企業營利系統。

　　為了建構企業營利系統，我們追根溯源，看看系統是怎麼回事。系

統包括三個構成要件：組成要素、連線方式、功能或目標。通俗地表達，功能或目標可以看作是系統的輸出結果，組成要素是構成系統的基本單元或稱為系統的動因，而連線方式表明了組成要素之間的相互關係。

　　根據系統的構成要件，遵照以終為始的指導思想，我們先探索企業的功能或目標應該是什麼。大部分人會說，企業的功能是營利；有些人也會說，企業的目標是實現事業願景。這兩種說法都有些道理。用數學語言說，營利是個微分目標，而願景是個積分目標。當營利持續了很長很長時間時，願景就實現了。

　　杜拉克曾說：「企業存在的唯一目的就是創造顧客。」創造顧客比營利的說法更準確一些，因為它指出了營利應該從哪裡來。結合系統的構成要件，再對杜拉克的話進行改善，那麼就可以說成「企業的功能就是持續創造顧客」。

　　進一步說，企業持續營利或創造顧客依靠什麼實現？當然是商業模式。誰來驅動或營運商業模式，當然是經管團隊。商業模式往哪裡去？當然是沿著策略規劃的路徑向企業願景走去。回答好這三個問題之後，從功能到目標（從微分到積分）就貫通了。因此，企業營利系統是由經管團隊、商業模式、策略路徑三個基本要素組成的。

　　在還沒有上升到企業營利系統之前，我們也頻頻提及經管團隊、商業模式、策略規劃、管理體系、企業文化等這些要素如何如何。就像一艘遠洋漁輪，最終的收穫主要取決於捕撈團隊、漁輪裝備、航行路線上的捕撈水網網域三者匹配最優；如果不想繼續「盲人摸象」的話，我們就要討論企業營利系統構成要素之間的連線關係。

　　經管團隊如何驅動商業模式？我們看圖 6-1-1 所示的商業模式全要素圖，其中資本模式中的企業所有者從法理上擔負著建構和驅動商業模式

的重任。企業最初由一個或幾個股東（企業所有者）發起，他們帶來了
建構商業模式的原始資本。然後，企業所有者可以透過招募、聘請的方
式增強經管團隊的實力。由於經管團隊是由企業所有者或他們招募、聘
請的代理人構成，所以經管團隊是驅動商業模式的最主要動力源。

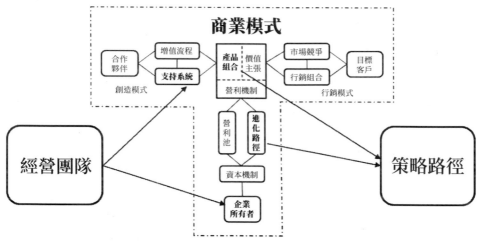

圖 6-1-1 「經管團隊驅動商業模式，沿著策略路徑發展與進化」示意圖

　　經管團隊主要透過資本賦能的方式驅動和營運商業模式，這裡的資
本是指廣義的資本，是指企業可以利用的所有能力和資源，包括貨幣資
本、智慧資本和物質資本三大類。經管團隊駕馭企業資本驅動和營運商業
模式，資本模式中的資本首先為創造模式賦能，打造一個符合目標客戶需
求的產品組合；行銷模式將這個產品組合的價值主張傳遞給目標客戶以促
成購買；銷售後的營利又透過儲能的方式累積到資本模式的營利池。通常
情況下，商業模式啟動後就進入增強回饋循環，更多的資本賦能到創造模
式，更多的營利又透過儲能的方式累積到資本模式的營利池。

　　為提高資本賦能的效能，經管團隊還透過建構支持系統以加強驅動
商業模式，包括塑造企業文化、建設管理體系、打造資源平臺、實行變

革創新及利用社會上各種科技創新成果和已有的基礎設施等。

在企業營利系統中，策略路徑的主要作用是什麼？策略路徑是策略規劃的結果，它表示在一段時間區間內預設的商業模式的前進軌跡。這裡的策略規劃包括亨利・明茲伯格策略 5P 中的 3P，即策略是一項計劃（Plan）、一種對策（Ploy）、一種觀念（Perspective）。根據企業內外部情況，策略規劃用來為商業模式計劃未來的執行路徑；遇到重大變動時為商業模式制定對策；同時這也是經管團隊的策略觀念形成和進化的過程。

圖 6-1-1 中商業模式的進化路徑即商業模式策略是企業策略規劃的一部分。追溯到起始點時，幾乎每個企業最初的商業模式皆是幾個合夥人及一個初步的商業創意。

部分構成整體，整體約束部分，商業模式之創造模式、行銷模式、資本模式中的一些要素內容都要有策略規劃，例如：產品組合策略、技術創新策略、市場行銷策略、融資投資策略等。凡事豫則立，不豫則廢。商業模式各個要素內容的進化發展也必然屬於企業整體策略規劃的一部分。

概括來說，企業營利系統三要素之間的關係可以表述為：順向看，經管團隊驅動商業模式，沿著策略路徑發展與進化，實現各階段策略目標，最終達成企業願景。逆向看，企業將外部環境的機遇或挑戰，透過策略規劃活動，促進商業模式的改善或創新，最終影響經管團隊的素養和能力。用更貼近生活的比喻說，企業營利系統如同「人＋車＋路」系統，經管團隊好比是司機，商業模式好比是車輛，策略路徑好比是透過導航規劃的行車路線。

現在流行講第一性原理、頂層設計、思維模型。經管團隊、商業模式、策略規劃三者構成的企業營利系統就是經營企業的第一性原理，也是頂層設計的思維模型。

　　管理學者翁君奕對老子的《道德經》頗有研究，認為「道是機遇，德是能力」，「道」包括恆常之道、變化之道、不衰之道。經管團隊可以看作是「德」的化身，以團隊合作能力持續促進企業發展。團隊經營企業，要擁有恆常之道 —— 構造商業模式；掌控變化之道 —— 制定和執行策略規劃；錘鍊不衰之道 —— 逐漸形成核心競爭力。

　　杜拉克曾說：「當今企業之間的競爭，不是產品之間的競爭，而是商業模式之間的競爭！」如果將來有必要進一步更新杜拉克的這句話，就可以表述為：「**當今企業之間的競爭，不僅是商業模式之間的競爭，更是企業營利系統之間的競爭！**」

　　經管團隊、商業模式、策略路徑三者搭起了企業營利系統的基本框架。就像蓋豪華大樓，有了基本框架，而真正投入使用之前，我們還要對這個基本框架增加一些輔助因素進行一番「裝潢」。應該為它增添哪些輔助因素呢？常用的有管理體系、企業文化、資源平臺、技術水準、創新變革等。輔助因素通常放在什麼位置？輔助因素是經管團隊驅動商業模式的工具或抓手，所以放在經管團隊與商業模式之間，見圖 6-1-2。增加輔助因素後，我們為企業營利系統取一個正式的名字，稱之為「慶豐營利系統」。

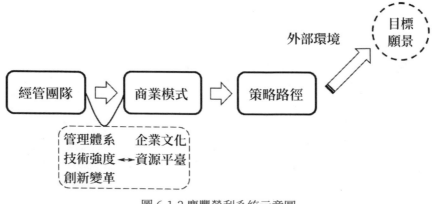

圖 6-1-2 慶豐營利系統示意圖

　　管理體系是經管團隊為驅動商業模式而選擇的一套管理工具組合。通常說的組織結構是管理體系中比較重要的一個管理工具，它在管理人員和價值鏈之間架起「橋梁」。當價值鏈更新到商業模式及企業營利系統視野後，組織結構也應該擴充範圍與這個更新的視野相匹配。之所以將管理體系列入系統的輔助因素，是因為當企業規模比較大或商業模式比較複雜時，才有必要重視管理體系。例如，對於一個人的公司或工作室，管理體系就不都是特別必要。

　　企業文化似乎無形無影，但對於有些企業的可持續發展非常有必要。經管團隊透過打造企業文化，凝聚人心，讓全體員工形成合力，那樣驅動商業模式的力量就會非常強大。

　　有些企業需要搭建相關資源平臺，其原因是：①它們本身是平臺型商業模式。②企業的輸入或輸出波動太大，例如：像農產品加工公司需要搭建資源收購平臺。③透過共享資源降低成本、加快發展速度。企業之間的聯合開發平臺、客戶數據庫共享平臺、產學研平臺等，都屬於此類資源平臺。

　　怎麼解釋技術水準呢？幾乎同樣的商業模式，諸多企業中只有某個企業特別出類拔萃，原因有可能是累積的技術水準不一樣。例如：億萬人進行股票投資，巴菲特的技術水準被公認為數一數二。

　　在企業發展與進化中，創新變革無處不在。外部環境在變，競爭者在變，顧客需求在變，因此企業內部也要隨之創新變革，以應對這些改變。創新變革涉及對營利系統每一個基本要素及輔助因素的不斷改善和持續改進。

　　有了慶豐營利系統，我們就可以對企業問題進行系統思考，也可以澄清之前一些並不恰當的「思考」。

　　首先說向榜樣企業學習的問題。前幾年，服務型企業學習海底撈餐飲，出現了一個模仿的熱潮；近幾年來，科技型企業學習華為、模仿華

為，又是一股更高的熱潮。為什麼幾乎都學不會呢？還有的企業陷入東
施效顰或邯鄲學步的境地，經營業績反而比之前更糟了。因為華為或海
底撈都有一個獨特的營利系統，系統內還隱含一些獨特的營利機制、團
隊建設等「專有技術」，而市面上的書籍、培訓講課都是一些單一視角的
內容或東拼西湊的猜測。相比於商業模式，一個企業的營利系統就更難
模仿了。在筆者已經出版的《T型商業模式》一書中，章節2.4及章節6.5
分別揭示了海底撈的主要「專有技術」和華為的營利系統。

再說頂層設計方面的問題。不少人把股權激勵、管理體系、組織架
構、企業文化等納入頂層設計。除了組織架構屬於管理體系之外，似乎
這沒有什麼不妥。但是，如果一個頂層設計沒有經管團隊、商業模式、
策略路徑等慶豐營利系統的基本要素，而僅將一些輔助要素或單一視角
內容看成是企業的頂層設計，那喧賓奪主的問題就比較大了。

還有一些是有病無病亂投醫，盲目追逐熱門理論或概念的問題。由
於行銷水準很高的人極力推廣的原因，像合夥人制、賦能、原則、領導
力、執行力等新理論或舊概念翻新都非常熱門。這些都是單一視角或
有條件適用的理論或概念。企業應該站在營利系統的角度思考自己的
當務之急，有必要時可以錦上添花，但是不必屢次再犯「拿來主義」的
錯誤。在工作實踐中，我們看到還有許許多多不恰當的「系統思考」問
題，這裡就不一一展開說明瞭。

根據哥德爾不完備定理，我們論述「商業模式與策略共舞」，囿於其
中就會「不識廬山真面目，只緣身在此山中」。更上一層樓，找到它們
的上一級系統，才可以完整地觀察我們論述的對象。經管團隊、商業模
式、策略路徑三者構成了慶豐營利系統。根據金字塔原理，慶豐營利系
統也就是以上三者的上級系統。前幾章重點闡述了商業模式的內容，隨
後兩節將簡要討論一下經管團隊和策略規劃及路徑方面的內容。

# 6.2

## 團隊動力與領導力，哪個更重要？

---
**重點提示**

※ 小米創業成功，凡客慘遭失敗，主要原因是什麼？

※ 為什麼「捂著」數位技術的柯達公司最後破產了？

※ 蘋果的成功是否可以歸功於賈伯斯的領導力？

---

　　在慶豐營利系統中，經管團隊驅動商業模式，沿著策略路徑發展與進化，實現各階段策略目標，最終達成企業願景。由此看來，經管團隊的綜合能力是促進商業模式發展與進化的原動力，通常稱之為「團隊動力」。

　　老子《道德經》適合解釋像慶豐營利系統這樣的人類為改造自然而建構的企業系統。《道德經》第 25 章說：人法地，地法天，天法道，道法自然！表面上看這句話，似乎有點「一物降一物」的意思，這裡的「法」可理解「受到……規定」。將這句話應用在慶豐營利系統中，演繹一下：人法地 —— 地為商業模式，可以理解為團隊動力受到商業模式的規定；地法天 —— 天為目標客戶，可以理解為商業模式主要受到目標客戶需求的規定；天法道 —— 道為人性，可以理解為客戶需求受到人性的規定；道法自然 —— 人性本來就是這個樣子，隨著社會發展階段的不同，人的需求會隨之而變，但是人性的本質一直未變。

　　團隊動力受到商業模式的規定 —— 什麼樣的商業模式及什麼階段的

商業模式，就需要什麼樣的團隊動力，從而為經管團隊的建設指明瞭方向。換句話說，經管團隊要懂商業模式，明白企業商業模式的獨特性與產業共性，知曉商業模式在企業生命週期各階段的構成與運轉規律，能夠駕馭商業模式沿著策略路徑發展與進化。

2010 年 10 月小米公司成立時，智慧型手機市場是國際大廠在競爭：Nokia 與摩托羅拉等傳統手機大廠正在黯然離場，三星與蘋果等國際大廠壟斷了中高階手機 70%以上的市場。小米公司為什麼能突破重圍？雷軍說過，小米團隊是小米成功的核心原因。當初他決定組建超強的團隊，前半年花了至少 80%時間找人，例如：林斌是雷軍為小米創業挖來的最關鍵的一位合夥人。加盟小米之前，林斌曾主導創辦微軟亞洲工程院，曾是 Google 全球技術總監。小米創業早期，林斌任職小米總裁，主要工作是招人組團隊、公司日常營運等；之後負責手機供應商策略合作、營運商業務、海外銷售等工作。接管小米網後，林斌開始推動小米之家向新零售轉型，遍地開花的小米體驗店都是林斌帶領團隊一手搭建起來的。在與小米公司一脈相承的凡客公司就不怎麼幸運了。凡客於 2007 年創立，比小米還早 4 年，那時電子商務還有大把機會。從註冊那天起，凡客就不缺資金，連續 8 輪融資獲得風險投資 5 億多美元，企業估值達到 30 億美元，曾經也是如日中天的「獨角獸」。凡客網路賣服裝、家居用品的商業模式也是成立的。2010 年時，凡客當年就能賣出 3,000 多萬件服裝，總銷售額突破 20 億元，同比成長 300%。

遺憾的是，到 2014 年時凡客就迅速衰落到只能苟延殘喘了。雷軍曾經領投 1 億美元救凡客，但最終所有投資人的錢都打了水漂。

凡客失敗的原因在哪裡？眾說紛紜，各有道理。天時、地利都具備，毋庸置疑，經管團隊肯定有問題。我們將凡客失敗歸因於創業團隊

的能力結構問題。從網路賣書到賣服裝家居，並且是完全自創品牌銷售服裝與家居，兩類商業模式之間的差距那是相當大的。凡客的創業團隊擅長做廣告，文化素養佳，所以 2010 年銷售暴增是因為廣告做得好和市場競爭不激烈。2012 年之後，純粹依靠廣告拉動產品銷售的時代已經過去了，而依靠產品品質、性價比、品牌、供應鏈、技術創新、社群等綜合競爭優勢的商業模式競爭時代來臨了。在新時代來臨時，凡客的經營團隊的能力結構沒有及時調整 —— 原來以廣告取勝的文化底蘊越深，就越不容易扭轉局面！團隊動力施加於商業模式上，驅動力的方向、大小及作用點三要素都出現了問題。

　　早在 1975 年，柯達公司（Kodak）就發明了世界上第一臺數位相機。由於擔心傳統底片銷量受到影響，柯達一直未能大力發展數位業務。2012 年柯達正式宣布破產，曾經市值 310 億美元的底片「霸主」、世界 500 強企業怎麼就走向窮途末路了？

　　2000 年之後，全球數位市場連續高速成長。柯達經管團隊的能力結構出現了問題！柯達的管理層幾乎都是傳統產業出身，49 名高層管理人員中很多人有化學專業背景，而只有 3 位出自電子專業。團隊沒有及時更新，決策層迷戀既有優勢，對傳統膠片技術和產品太過眷戀，忽視了對數字影像和數位裝置等相關替代技術的持續開發，這是柯達從輝煌走向破產的最主要原因。

　　1985—1996 年，在賈伯斯被董事會踢出局的 12 年裡，蘋果公司的經營狀況怎樣呢？起初，由於賈伯斯的傑作 Mac 電腦，蘋果公司還可以輕鬆獲取高額利潤；在 1990 年後盈利一路下滑，出現危機，CEO 一個接一個地換，但是仍然拯救不了蘋果。

　　1997 年 1 月，賈伯斯作為兼職顧問回歸蘋果。賈伯斯很快痛下狠

手，幾乎換掉了董事會的全部成員，不同意自己的意見就逼迫他們辭職。因為蘋果當時瀕臨破產，只剩一口氣了，擔任董事會成員的前景並不是很誘人，所以董事會默許了。賈伯斯先後請來了很多優秀的專家、領導者加入蘋果，甚至包括美國前副總統。新組成的經管團隊從履歷上就更懂電腦和技術產業。賈伯斯帶領團隊對蘋果實行一系列的改革，砍掉了虧損業務，及時轉變商業模式，盡快實現了扭虧為盈。後面的故事不用細講了，從「iPod ＋ iTunes」到「iPhone ＋ iOS ＋ App Store」，蘋果的經管團隊推動新商業模式讓公司取得了舉世矚目的經營業績。蘋果公司 2018 年營收為 2,656 億美元，淨利潤近 600 億美元。

經管團隊是由個體構成的。個體合成整體後可能變笨，逐漸淪為一群烏合之眾。如果團隊修練得好，發揮協同效應，個體也可能變聰明，從而眾愚成智。如何打造經管團隊，市面上的理論太多了，比較流行的有領導力理論、執行力理論、企業家精神。

如果在網路搜尋「領導力」，相關圖書有上千種，每個作者都會提出一個領導力模型。比較簡單的叫作「領導力五力模型」，它由感召力、前瞻力、影響力、決斷力、控制力五個領導分支力量構成；比較複雜的叫作《領導力 21 法則：領導贏家》（ *The 21 irrefutable laws of leadership* ）──確實由 21 個領導力法則構成！像蓋子法則、影響力法則、根基法則等，名字非常奇特。領導力理論創新特別多，需求似乎也很大，因為人人願意當領導者，這也算是一種供需平衡。

近幾年領導力很熱門，而前幾年流行執行力。通常團隊執行力是這麼定義的：團隊執行力是指一個團隊把策略決策持續轉化成結果的滿意度、精確度、速度。它是一項系統工程，表現出來的就是整個團隊的戰鬥力、競爭力和凝聚力。通用公司（General）前任總裁傑克‧威爾許

（John Welch）先生認為所謂團隊執行力就是「企業獎懲制度的嚴格實施」。綜上所述，團隊執行力就是「當上級下達指令或要求後，迅速做出反應，將其貫徹或者執行下去的能力。」

企業家影響和引領團隊，所以企業家精神應該是特別重要。研究企業家精神的人也很多，研究者層次相對高階。綜合來看一些研究成果，企業家精神大致是冒險精神、創新精神、創業精神、寬容精神等若干個精神的排列組合，再疊加一些對敬業、誠信、執著、學習等若干個概念的闡述。

綜上，領導力理論、執行力理論、企業家精神研究等豐富了團隊建設的知識內容。但是，它們必須最終形成能驅動商業模式的團隊動力。根據物理學常識，力有三要素：大小、方向及作用點。團隊動力也不例外，也有大小、方向及作用點。並且，團隊動力是一種綜合能力，由多種能力合成。所以，除了力的三要素之外，我們還要看看團隊動力中相關能力的組成結構。領導力、執行力及企業家精神理解起來都不是很難，但是讓它們轉變為驅動商業模式的團隊動力就有點難了。

**我們應用領導力時，先檢視一下領導力的方向對不對，是否施加於驅動商業模式上，然後再看看施加的領導力強度夠不夠，能力構成是否與商業模式的需求相匹配。執行力及企業家精神等流行理論也都要面對類似的問題。**例如，對照一下相對簡單的領導力五力模型，感召力、前瞻力、影響力、決斷力、控制力任何一個力用錯了方向，弄錯在商業模式上的作用點，就可能將企業獲得的核心能力和關鍵資源變為沉默成本，甚至人為地為企業製造沉重負擔。共享單車 ofo 的創始團隊魅力很強，兩年多吸引風險投資超過 130 多億；決斷力也很強。但是，當風停了的時候，竄上風口的豬就會狠狠地摔下來。ofo 掉下來太快了，摔得太慘了，因為一開始 ofo 的商業模式就是錯的，領導力越強，帶來的問題就越大。

## 6.3

## 捨九取一：定策略就要做好策略規劃！

**重點提示**

※ 為什麼各策略學派所從事的策略研究不夠策略聚焦？

※ 如何打破策略理論混沌化與企業實踐盲目化之間的藩籬？

※ 商業模式與策略共舞，能夠為企業帶來哪些價值？

假如有時光機器，我們乘坐它回到 2000 年。往回看 20 世紀，策略的家族中已經有設計學派、計劃學派、定位學派、企業家學派、認識學派、學習學派、權力學派、文化學派、環境學派、結構學派等至少十大學派，還有許許多多演化出來的分支學派和雜燴入策略的各種學說。進入 21 世紀的 20 年，隨著管理諮詢及 MBA 教育的興起，研究策略的學者數量多出許多。出於不同的訴求或需要，不少策略學者都會寫一本或多本策略專著，又出現了數也數不清的策略學說（或有學派）。

策略是為了應對環境的不確定性，而策略（理論）本身越來越具有不確定性。我們都說要策略聚焦，而策略本身越來越發散，越來越混沌化、無邊無界。策略理論去中心化，策略二字也在泛化，幾乎每一個商業新名詞、經營管理新概念都能與策略掛起鉤來。

筆者很早就在想，如何貫通策略理論與企業實踐之間存在的鴻溝？讓兩者相向而行吧。一方面，為策略理論「減重」，找到策略的中心工

作；另一方面，為企業實踐設對策略應用場景，從形式帶動本質，讓策略理論融入企業經營中。

雖然策略學派眾多，似乎混沌無邊界，但是可以歸納收斂成策略 5P。1987 年，加拿大管理學家亨利·明茲伯格提出了策略 5P，即策略包括五個方面的內容：一項計劃（Plan）、一種對策（Ploy）、一種定位（Position）、一種模式（Pattern）、一種觀念（Perspective）。從提出 T 型商業模式理論之日起，筆者就一直認為，策略 5P 中的 2P 即一種定位（Position）、一種模式（Pattern）應該歸為商業模式範疇。

策略聚焦與否，不能只是策略研究者們判斷企業成功或失敗的標準，也應該是研究者們自我批判的參考標準。貫徹捨九取一的原則，讓策略理論減少歧義才能真正被廣泛落地使用，所以將剩餘的策略 3P 進一步簡化為 1P，即策略是一項計劃。「策略是一項計劃」是策略的主航道，而其他策略學派或學說可以認為是主航道周邊的蜿蜒支線。

為了與管理學中的計畫職能有所區分，我們將策略中的計畫稱為策略規劃。策略規劃包含了另外策略 2P，即策略是一種對策、一種觀念。也就是說，對策和觀念依附於策略規劃才能實現自身的存在。首先，對策必然存在於策略規劃的制定、實施、檢查、覆盤過程中——策略規劃中有對策。實施策略規劃時遇到外部環境改變也要給出相應的對策。檢查、覆盤策略實施情況時，也要給出糾偏或修正的對策。其次，經管團隊的策略觀念也存在於策略規劃的制定、實施、檢查、覆盤過程中，因為策略觀念展現了人的主觀性與能動性。

從眾多策略學派→策略 5P→策略 3P→策略 1P，經過三次「減重」後，不言而喻策略的中心工作就是制定策略規劃。

用開車來比喻，策略規劃就是從現在的地方出發，如何到達我們想去的目標位置，其實就是規劃了一條行車路線。計劃趕不上變化，路途中遇

到預想不到的情況，這個行車路線還是可以修改的。但是，不能因為路途中可能有變化，我們就不制定行車路線了。如果那樣的話，我們的車就會「漫天遊」，欲到達目標位置，就只能依靠運氣誤打誤撞了。經營企業如同開車，必須有一個「行車路線」，即策略規劃的路徑，不能跟著感覺走。

　　商業模式的部分內容來自策略，它與策略規劃的關係必然很緊密。之前講到，經管團隊驅動商業模式，沿著策略規劃的路徑發展與進化。由此推論出，策略規劃的核心工作之一是為商業模式制定發展與進化路徑。舉例而言，經管團隊、商業模式與策略規劃三者之間的關係，就像司機、車輛、道路的關係。商業模式好比是車輛，策略規劃給出的路徑好比是道路；車輛在道路上行駛，商業模式與策略共舞！

　　獨角獸企業的生命週期分為創立期、成長期、擴張期、轉型期四個階段。像人的生命一樣，其中每一階段都是一個不同的策略區間，所以應有不同的策略規劃主題和商業模式建構內容。

　　在企業創立期，策略規劃主題是「產品組合如何定位」，即誕生存活策略，透過策略規劃讓商業模式順利誕生並有健康的生命力。本書第 2 章談及了相關內容，從 T 型商業模式的角度，我們給出的主要理論工具是三端定位模型。

　　在企業成長期，策略規劃主題是「如何持續創造顧客」，即快速成長策略，透過策略規劃讓商業模式改善疊代並進入快速成長路徑。本書第 3 章談及了相關內容。從 T 型商業模式的角度，我們給出的理論工具是飛輪成長模型和五力分析。

　　在企業擴張期，策略規劃主題是「商業模式如何進化」，即進化發展策略，透過策略規劃讓商業模式不斷進化、步入擴張發展之路。本書第 4 章談及了相關內容。從 T 型商業模式的角度，我們給出的理論工具是 SPO 核心競爭力模型和 T 型同構進化模型。

　　在企業轉型期，策略規劃主題是「如何開闢第二曲線」，即轉型創新策略，透過策略規劃創新商業模式實現新舊交替、跨過非連續性創新讓企業獲得重生。本書第 5 章談及了相關內容。從 T 型商業模式的角度，我們給出的理論工具是雙 T 連線模型。

　　以上是本書第 2、3、4、5 章的重點內容，闡述了獨角獸企業在生命週期四個階段，商業模式緊扣策略主題而應有的建構內容、演變之路及其相應的理論模型。

　　一圖勝千言，我們將以上策略規劃主題和商業模式建構內容納入獨角獸企業生命週期的曲線中，見圖 6-3-1。圖中畫了兩條生命週期曲線，即曲線 I 和曲線 II，其中的區間我們稱之為商業模式與策略的共舞區間。它表示商業模式與策略協同後給企業帶來的價值成長空間。如果商業模式與策略之間協同得不好，或者說還是讓策略在混沌中獨自「跳舞」，企業的生命週期曲線為低價值的曲線 I；**如果商業模式與策略之間協同得非常好，企業的生命週期曲線就為高價值的曲線 II。**當然，這張圖是一個對本書重點內容的概括性、示意化表達。

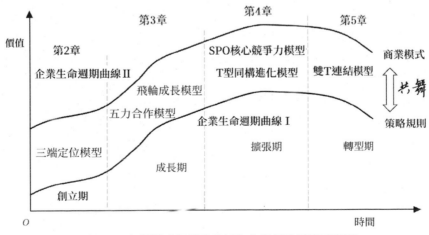

圖 6-3-1 商業模式與策略共舞為企業創造價值示意圖

## 第 6 章
## 成為獨角獸：如何系統思考？

　　沒有商業模式理論的時候，策略結合內外部環境獨自「跳舞」，就會給企業演化出各式各樣的策略。當今時代外部環境變化頻繁，而策略創新雜亂紛繁，似有東拼西湊之嫌，必然莫衷一是。繼續教條地「結構跟隨策略」，即組織結構及管理活動隨策略而頻繁變動，就會導致企業經營不穩定、成本增加、風險放大，而且很難形成競爭優勢，最終必然損害了企業價值。

　　商業模式應該有一個固定的結構及基本的營利成長回饋循環（飛輪效應），例如：T 型商業模式的那個「T」及其形成的飛輪效應。在企業生命週期的各個階段，T 型商業模式理論還給出了諸多工具模型，例如：三端定位模型、五力分析、SPO 核心競爭力模型、雙 T 連線模型等。透過這樣的理論建構，以「不變」應對萬變，讓商業模式成為一個可以吸收外部環境變化而同時自身獲得成長與進化的營利「緩衝裝置」，並極大消除外部環境變化對企業的劇烈衝擊和不利影響。

　　捨九取一，讓諸多策略學派收斂到 1P，即策略規劃，讓策略規劃成為企業策略的中心工作。策略規劃的核心任務是為商業模式制定發展與進化路徑，商業模式沿著策略規劃的路徑發展與進化。商業模式與策略之間形成 1 + 1 > 2 的協同效應，最終降低企業經營風險，增加生命週期各階段營利和企業價值。

　　商業模式與策略共舞，企業價值和營利增加。根據哥德爾不完備定理，遵循彼得·聖吉的五項修練，我們還要躍遷到系統思考！慶豐營利系統是將企業整體看成一個系統，經管團隊驅動商業模式，沿著策略規劃的路徑發展與進化。除此之外，視具體企業和應用場景的不同，慶豐營利系統還要疊加管理體系、企業文化、資源平臺、技術水準、變革創新等輔助因素，以便更好地發揮出企業整體的系統優勢。

　　登高望遠，從整體再看部分，就會更加完整一些。從系統回到組成要素，從慶豐營利系統俯視——策略規劃如何在企業落地？

　　將「百家爭鳴」的策略理論收斂於策略規劃，而對於企業而言，策略的中心工作就是制定策略規劃。策略理論與企業實踐相向而行，策略規劃就是兩者相互連通的橋梁。策略學者給企業家講策略，應該聚焦於企業的策略規劃。在企業具體策略實踐中，策略規劃從 1P 再分解到 3P，即分為三部分：①中長期及年度計劃；②突破近期困境的對策；③讓經營團隊有策略觀念，即讓他們從瑣碎的事務中解放出來，空出時間一起思考策略問題。

　　誰來制定策略規劃？如果完全依靠外部策略顧問，策略規劃可能會脫離企業實際，造成「有策略而難執行」。如果完全依靠內部策略部門，常常導致策略高度不夠。企業領導人參與不足時，最終策略也難落地。如果完全依靠企業領導人，面向未來的策略規劃往往會出現更多感性決策和經驗判斷。

　　企業可以成立一個策略規劃小組。該小組主要由策略部門、企業領導人及外部顧問三方人員構成。策略規劃小組開展工作可以透過「策略場景」的形式展開，分為中長期規劃場景、年度計劃場景、策略覆盤場景、策略對策場景、策略研討與培訓場景、私董會或董事會場景等。所謂場景可以理解為「專案」，即在盡量少的時間期限內完成，有明確的主題和實質內容，有嚴選的程序和形式，集合大家的智慧，有一個明確的結果等。

　　從計劃屬性來看，策略規劃是一個金字塔層次結構，傳統的說法主要包括公司策略、業務策略或競爭策略、職能策略三個層次。現在有了慶豐營利系統，我們要系統思考，策略規劃金字塔就可以改為公司策略、營利系統策略、職能策略三個層次。傳統與現在兩個「金字塔」的主要不同是以營利系統策略替代原來的業務策略或競爭策略。

　　營利系統策略是如何構成的？請大家思考，後續也將有專門書籍論述。

# 第7章
## 成為T型人：職業發展與轉型如何應用商業模式？

### 本章導讀

　　「T型人」是筆者提出的一個新概念。有自己獨特而優異的商業模式，積極創造一個幸福美好的職業生涯，就是T型人。如何成為T型人？仿照企業生命週期，我們的職業生涯可以分為職業選擇、職業成長、職業躍遷、職業轉型四個階段。在本章也給出了職業生涯各階段共七個參照模型與工具。有了這些模型與工具的協助，再去領會「一萬小時天才理論、精深練習」等勵志類暢銷書所提出的口號，然後積極成為T型人或「個體獨角獸」，也許就會有事半功倍的成效。

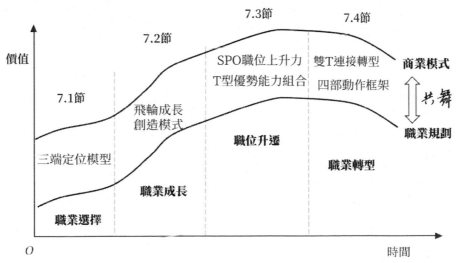

【第7章重點內容提示圖】職業生涯各階段的參照模型與工具

# 7.1

## 三端職業定位：刺蝟理念與狐狸心態鬥法，誰能贏？

---

**重點提示**

※「九年級生」掉髮比例增加的主要原因是什麼？如何避免？

※ 從三端職業定位分析，劉慈欣創作科幻小說為什麼能取得極大成功？

※ 高曉松遠離家庭背景並毅然從清華大學退學，背後的動力有哪些？

---

近幾年，九年級生因為掉髮而來就診的比例逐漸升高，獨特的現況引起幾家媒體報導，從因果邏輯看，有一果多因的說法。也就是說，導致「九年級生」掉髮這個結果的原因是很多的。而我們揭示一個鮮為人知的原因：一些「九年級生」，很可能是碎片化知識、雜亂的資訊「吃太飽」了。

碎片化知識及雜亂的資訊，吸收多了，它們不會讓肚子脹，但是讓腦子很脹。如果進入我們大腦的資訊太多了，又是碎片化的，它們就會雜亂無章地堆積在一起。用脫離現實的方法描述：太多的碎片化資訊，在我們的大腦裡掙扎，尋找生存空間，打架鬥毆搶地盤，頻繁撞擊頭蓋骨，久而久之就讓頭髮震得鬆動……

也許為了減少職業焦慮感，人們以學習的名義勤奮地滑手機，奔波各地參與應接不暇的吃喝玩樂活動，努力吸收繁多龐雜的知識和資訊。

勤奮、奔波與努力，論職業成就，人們大部分還比不上貝聿銘吧！他設計了羅浮宮的玻璃金字塔，100 歲時還在做自己喜歡的事。還有管理大師杜拉克，95 歲還在寫書；馬來西亞總統馬哈地·穆罕默德（Mahathir Mohamad），94 歲參選總統也成功了……我們仔細觀察一下，令人驚奇的是，他們的頭髮還有很多，原因何在？

　　他們有一份自己喜歡的職業，也是一份對社會有價值貢獻的職業。每個人可以把自己看成一個人經營的公司，所以也需要一個商業模式。從某種程度上說，我們從事的職業就是自己的商業模式。本書第 2 章講了商業模式定位。道理是相通的，職業定位同樣適用。我們將圖 2-1-1 的三端定位模型簡化一下，得到一個三端職業定位模型，見圖 7-1-1。

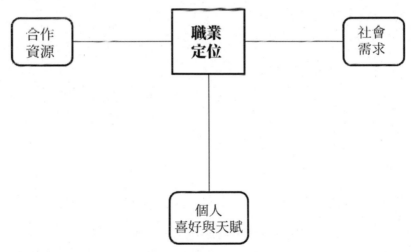

圖 7-1-1 三端職業定位模型示意圖

　　由三端職業定位模型可知，職業定位是個體喜好與天賦、社會需求、合作資源三者的統一。

　　《T 型商業模式》一書中有關於企業商業模式的三端定位原理，稍微轉換一下表達方式，就對於職業定位同樣適用。參照圖 7-1-1，對於個體

第 7 章
成為 T 型人：職業發展與轉型如何應用商業模式？

的職業定位，我們可以這樣表達：職業定位是個體商業模式定位的主要內容，可以從個體喜好與天賦、社會需求、合作資源三端的任何一端開始，並與另外兩端協同一致。

對於社會重點職位需求，我們可以追隨職業定位，但是要找到與自己的喜好、天賦一致的方面。按照霍蘭德的職業偏好測試理論，個人偏好與存在的職業之間應有一種內在的對應關係。根據個人偏好的不同，可分為研究型、藝術型、社會型、企業型、傳統型、現實型六個維度。大部分人都可以從這六個維度中找到自己的職業偏好。假設你學的是商科，而個人的喜好天賦屬於研究型，那麼可以向產業研究、投資分析、學術研究、教育培訓等方向發展。在工作中，你可以透過謙卑好學，積極與他人合作，增加自己的合作資源。

明確知道自己的喜好與天賦，不忘初心、孜孜追求不放棄，這就是一筆珍貴的人生財富。個體的喜好與天賦要與社會需求對接，不斷尋找合作資源，才能形成一個逐漸進化的結構系統。渡邊淳一從小酷愛文學，人生理想是當一名作家。實際情況是，他接受了家庭的建議，學醫多年，獲得了醫學博士學位，還當了 10 年整形外科醫生。儘管從醫多年，但是渡邊淳一還念念不忘自己的文學理想。猶豫不決之時，他寫了一封信給仰慕已久的摩西奶奶，希望得到她的指點。摩西奶奶是一個普通的美國農村婦人，76 歲退休後開始投入她夢寐以求的畫畫興趣，80 歲時到紐約舉辦畫展並引起轟動。渡邊淳一寫信那一年，摩西奶奶已經 100 歲了。她在給渡邊淳一的回信中說：「做你喜歡的事，哪怕你現在已經 80 歲，上帝依然會高興地幫你開啟成功的門。」受到摩西奶奶的感染和鼓勵，渡邊淳一果斷棄醫從文，開始了自己的文學創作之路。此後，渡邊淳一迎合社會需求，選擇投入情愛文學的領域，創作了《失樂園》、

《紅色城堡》等五十餘部長篇小說，在世界文壇引起了巨大反響。

　　一個人擁有良好的家庭背景、豐富的合作資源，既可以憑此尋找人生捷徑，也可能是一個尾大不掉的「斷捨離」負擔。大多數人一生職業不成功，其實並不是職業定位有問題，而是缺乏「刺蝟理念」。「刺蝟理念」源自古希臘寓言故事〈刺蝟與狐狸〉（The Hedgehog And The Fox）。狐狸是一種狡猾的動物，同時追求著很多目標，思維是凌亂或分散的。刺蝟則把複雜的世界簡化成一條基本原則或理念，專注於培養核心能力，而不去輕易分散自己的精力和資源。

　　眾所周知，堅持刺蝟理念很難很難，因為圍繞我們內外有兩個「狐狸」在作怪。第一個是我們個人擁有的「狐狸心態」——追求的目標太多樣化，什麼都喜歡涉獵一點，淺嘗則止不能深入。第二個是消費主義者藏起來的「狐狸尾巴」——那麼多商家，爭奪我們的時間、注意力和我們的資源與付款的方向。

　　時刻警惕我們自己的「狐狸心態」或是一些商家的「狐狸尾巴」，盡力避免碎片化知識、雜亂的資訊，別再讓我們「吃太飽」了！

## 7.2

# 職業成長飛輪：啟動有點難，轉起來就會省力！

※ 從柯林頓的事業人生中，我們能獲得什麼啟示？

※ 如何理解哲學家沙特所說的「他人是另一個我」？

※ 如何將《一萬小時天才理論》等暢銷書轉化為可操作、可落地的方法論？

　　規劃並擁有一個事業人生，猶如 GPS 導航，有個初始位置，規定一個目標位置，選擇好一條路徑，然後就可以向目標出發了。

　　三端職業定位大致可以明確自己適合做什麼及應該做什麼，相當於有了一個初始位置，而目標位置是什麼呢？它就是一個人的人生理想或長期事業目標。

　　哈佛大學有個著名的「目標威力」實驗。一群智力、學歷、環境都相差無幾的學生在走出校門之前，哈佛大學對他們進行了一次關於人生目標的調查。他們中，27% 的人沒有目標，60% 的人目標模糊，10% 的人有清晰但比較短期的目標，3% 的人有清晰且長期的目標。

　　25 年後，哈佛大學再次對這群學生進行了追蹤調查，結果是這樣的：3% 有清晰且長遠目標的人，一直朝著同一個方向努力，成為社會各界的頂尖成功人士，他們中不乏億萬富翁、產業領袖、社會菁英。10% 有清

晰但比較短期的目標的人，他們生活在社會的上層，有很好的工作，比如醫生、律師、公司高階管理人員等。60%目標模糊的人，基本生活在社會中下層，整日為生存而疲於奔命。27%沒有目標的人，幾乎都生活在社會最底層，在失敗的陰影中掙扎。

願景這個詞，企業策略中提及較多，通常是指一個企業努力幾十年才能實現的目標。對於個人來說，人生理想或長期目標都是願景的通俗化表達。特別長期的職業目標，需要未來幾十年為之奮鬥的人生理想，就是事業願景。

中學時代的比爾·柯林頓（Bill Clinton）非常活躍，想法很多。他的理想曾是當音樂家、牧師、教師或記者。直到有一天，他作為學生代表應邀參觀白宮，並見到了當時的美國總統約翰·甘迺迪（John Kennedy）。在與總統握手的一瞬間，柯林頓冒出一個瘋狂的念頭：我也要當白宮的主人。

那年柯林頓17歲，他開始將當美國總統作為自己的事業願景。有了遠大目標和堅強的意志，柯林頓此後30年的全部努力，都緊緊圍繞這個願景展開。上大學時，他先讀外交，後讀法律──這些都是政治家必須具備的知識修養。離開學校後，柯林頓一步一個腳印，從律師到州司法部長，從州長到民主黨主席，42歲時就成功當選美國總統。

脫口而出一個事業願景太容易了，而不忘初心、持之以恆幾十年太難了。**願景背後的強大動力支撐是使命感，使命感是自己的事業對社會或他人的價值意義。**法國存在主義哲學家 尚·沙特說（Jea Sartre）：「他人是我，他人是另一個我，他人是那個不是我的我，他人是我所不是的那個人。」哲學家說話有點拗口，沙特這句話也不例外，筆者將它轉換成通俗化表達：**他人是自己的成長之梯，梯子另一頭就是更好的自己。**

# 第 7 章
## 成為 T 型人：職業發展與轉型如何應用商業模式？

　　堅持自己的職業定位，持續為他人和社會創造價值，就是在不斷提高自己的職業能力和工作水準。**使命感是一種持久動力，讓你從現在的位置，到達未來的願景位置；讓你從現在的你，蛻變成未來的你。**沙特所說的「他人」、稻盛和夫積極倡導的「利他之心」，其實是一個一個「他人」及「利他」的疊加與累積，就是未來的自己，就是實現事業願景。

　　使命感代表靈性，讓我們聚精會神追求自己的事業願景。除了使命性動力，還有歧視性動力 —— 由於被人歧視而激發出追求願景的強大動力。被他人歧視或歧視他人，這都是普遍的世俗現象。歧視性動力可以激發出一個人出人頭地的鬥志，往往讓「窮小子」成功逆襲。

　　有了事業願景，有了使命性動力或歧視性動力，就應該行動起來，步入職業成長軌道。如何職業成長，我們要找個理論依據。暢銷書《異數：超凡與平凡的界線在哪裡？》（*Outliers: The Story of Success*）重點舉例說明「一萬個小時的努力」：「人們眼中的天才之所以卓越非凡，並非天資超人一等，而是付出了持續不斷的努力。一萬小時的錘鍊是任何人從平凡變成世界級大師的必要條件。」

　　當各位覺得這些暢銷書給出的建議尚不足夠、不夠給力、難以落地時，可以參考一下本書的第 3 章。以下內容摘自第 3 章導讀及第 1 節：

　　T 型商業模式的創造模式、行銷模式及資本模式三者構成了一個飛輪成長模型。這裡用作比喻的飛輪是一個機械裝置，啟動時費點力氣，旋轉起來後就很省力，並且越轉越快。在創造模式、行銷模式及資本模式各自的構成公式中，蘊藏著實現創造、行銷、資本的第一性原理。

　　創造模式聚焦在創造一個優秀的職業技能，行銷模式負責把這個「職業技能」售賣給目標客戶；行銷模式從目標客戶或市場競爭中獲得的需求資訊回饋給創造模式，然後創造模式對「職業技能」進一步疊代更新；行

銷模式再把改進的「職業技能」售賣給更多的目標客戶……這樣的往復循環，既是一個調節回饋過程 —— 對「職業技能」不斷更正改進，更是一個增強回饋過程 ——「職業技能」越來越改善，創造的顧客越來越多。

創造模式與行銷模式的積極合作循環，就會產生盈利及其他資本累積。「職業技能」銷售產生的盈利可以轉化為貨幣資本；回購及協助口碑傳播的顧客是企業（個體）的關係資本，協助創造的合作夥伴也是關係資本；同時人才成長、技術進步及其他經營管理提升就會形成「個體」的智慧資本。在資本模式中，從創造模式與行銷模式進來的資本累積被形象地稱為儲能的過程。與此同時，在「職業技能」發展與進化時，由於所需要資本的相關性及共享性，資本模式也會對創造模式與行銷模式賦能。

資本模式與創造模式、行銷模式之間不斷循環發生的儲能、借能與賦能，疊加創造模式與行銷模式之間的增強回饋循環過程，就會在它們三者之間啟動創造顧客的飛輪效應 ——「職業技能」不斷進化，創造的顧客越來越多，累積的資本（儲能）越來越多，資本借能與賦能越來越增強，見圖 7-2-1。將 T 型商業模式概要圖與飛輪效應示意圖疊加在一起，稱之為職業成長飛輪模型。

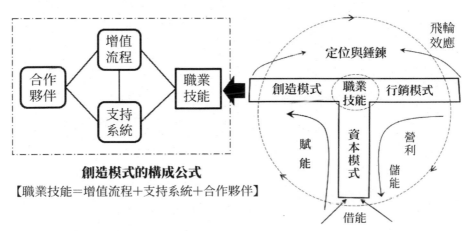

圖 7-2-1 職業成長飛輪模型（右圖）及創造模式（左圖）示意圖

# 第 7 章
## 成為 T 型人：職業發展與轉型如何應用商業模式？

在以上內容中，將產品或產品組合更換為職業技能，將企業更換為個體，適用於企業的飛輪成長模型就是個體的「職業成長飛輪」。職業個體可以看成一個人經營的公司，同樣需要獨特的商業模式，需要一個職業成長飛輪。有人說，我們是專業經理人，目標客戶怎麼定義？從「利他」的角度講，「他人」就是個體的目標客戶。具體來說，我們所在部門、服務的公司就是我們的目標客戶。資本模式中有儲能、借能與賦能，借能可以理解為學習 —— 去高校院所進修學習，自己不斷學習，向高人師長學習，也包括從社會環境中汲取有價值的營養。當然，這裡的資本並不主要指個體的物質或貨幣資產，而主要是指個體的能力與資源。

除了本書第 3 章，還可以參考已出版書籍《T 型商業模式》。它對創造模式、行銷模式、資本模式及商業模式原理、創新闡述得更加詳實和細緻一些。為了便於從企業向個體轉換與匯入，下面再對個體的創造模式稍微討論一下。

家庭或他人的資產，只是自己的背景，還不是自己的資本，所以個體要有自己的創造模式。個體創造模式的表達公式為：職業技能＝增值流程＋支持系統＋合作夥伴。

增值流程，可以分解為兩部分：首先明確哪些是自己的業務流程，其次聚焦於如何為目標客戶增值。袁隆平說：「水稻專業是一門應用科學，電腦里長不出水稻，書本裡也長不出水稻，要種出好水稻必須得下田。」幾乎每天都要下田。

支持系統，可以簡單解釋為個體的核心能力和關鍵資源，即個體能夠運用的有效資源，它們對於提升職業技能的作用不言而喻。能力來自勤學苦練、虛心學習、相互合作、截長補短。一個人有能力時，通常就

能吸引很多資源；一個人有資源時，就要設法轉化為自己的能力。

合作夥伴，通俗地說就是獲得貴人相助。欲要「貴人助我」，先要「我助貴人」。《國富論》（*The wealth of nations*）作者亞當・史密斯（Adam Smith）還有一本很著名的書《道德情操論》（*The Theory of Moral Sentiments*）。書中指出，只有成為一個具備優秀素養、值得被別人愛的人，才能在長期合作時成本最低、效率最高。查理・蒙格（Charlie Munger）有類似的一句話：「想要得到某樣東西的最好方法，就是讓自己配得上它。」換成 T 型商業模式的語言，就是個體要持續累積自己的能力和資源，即將有或已經擁有一個優異的職業技能時，「貴人們」就會慕名而來。

創造模式的公式「職業技能＝增值流程＋支持系統＋合作夥伴」告訴我們：錘鍊一個優秀的職業技能，需要增值流程、支持系統、合作夥伴三個要素合作起來，不斷地進行增強回饋循環。

# 7.3

## SPO 職位躍遷力：垂直攀登，才有這邊風景獨好！

**重點提示**

※ 有些人非常精明靈活，但是缺乏垂直攀登能力的主要原因是什麼？

※ 對照本節的相關闡述和案例，寫出自己的 T 型優勢能力組合。

※ 對照 SPO 職位躍遷力模型，寫出自己的職位階梯。

　　憑藉職業成長飛輪及創造模式等職業成長模型，讓我們不再盲目地「隨機遊走」。所謂職業發展 —— 有點浮誇的流行說法叫作「個體崛起」，就是成長到一定程度，我們就要職位躍遷。水往低處流，而人往高處走！關於職位躍遷，人力資源專業人士或非專業人士對此都有很多討論，暢銷書及理論模型也逐漸豐富起來。

　　筆者看來，職位躍遷分為世俗的和靈性的兩種通道。

　　世俗通道就是「考證書、拿文憑、評職稱」等滿足規定的躍遷條件，也包括「找關係、跟對人、會做事」等一些所謂的捷徑。

　　**職位躍遷時，不適合世俗通道，就可以試試靈性通道。**這裡的靈性，表示個體聚精會神、自我主宰的精靈性。沙特在《存在與虛無》（*Being and Nothingness*）一書中提出一個命題：人是被判定為自由的。在沙特看來，無論在什麼條件下，每個人都有選擇的自由，人的一生就是一個不斷選擇的過程。人之初是個無，他什麼也不是。直到後來，在

這個世界上崛起，然後才規定他自己。人要透過自己的創造，最後才能獲得自己的本質。

人們內心深處會遠離職場中的「魔鬼」，卻非常崇拜專業領域的「行家」。這裡的靈性，還表示為人的神聖性、利他性，個體有使命感，以自己的職業或事業為他人和社會創造價值。孔子說：「富與貴，是人之所欲也，不以其道得之，不處也。」一個人要走得遠，根基要正，這樣才能保有並享受自己的物質和精神財富。

靈性通道如同面對懸崖，必須垂直攀登，雖然過程中有些艱難，但也會樂在其中。稻盛和夫說，人生要做垂直攀登！秉持堅定的意志，一步一步、踏實努力的人，不管路程多麼艱辛和遙遠，最終他一定能登上人生的頂峰。

徒手攀岩（Free Solo）是指無輔助、無保護、單人徒手攀岩，無論危險性還是挑戰性，都被列為極限運動之首。美國人艾力克斯‧霍諾德（Alex Honnold）是一名徒手攀岩的狂熱愛好者。2017 年 6 月 3 日，他用時 3 小時 56 分，成功徒手攀登上了美國酋長峰。

酋長峰高度 914 公尺，是全球最大的花崗岩巨型獨石，幾近垂直地聳立於美國加州優勝美地國家公園內。在艾力克斯之前，世界上還沒有人能夠成功攀登它。

艾力克斯出生於 1985 年，5 歲時就喜歡到房頂爬上跑下，11 歲開始攀岩，每天去岩館攀爬 3 個小時。艾力克斯有不錯的智商，痴迷攀岩也喜歡讀書，高中畢業順利考入名牌大學。19 歲時，他從加州大學柏克萊分校退學，離群索居進行職業攀登。近 10 年時間，艾力克斯常住在一輛改裝的房車裡，像羚羊一樣遷徙，四處奔波尋找適合攀登的岩壁。

艾力克斯在徒手攀登領域出類拔萃的表現，引起了商家的合作興

趣，花旗銀行、寶馬汽車（BMW）等大牌企業與他都有產品代言合作。
除此之外，艾力克斯透過拍電影、參加電視節目、發起贊助等多種形式
也可以獲得營利。

　　透過靈性通道進行職業發展與躍遷，像艾力克斯那樣「垂直攀登」
的能力構成是怎樣的？它分為核心能力與輔助能力兩個部分，兩者構成
一個 T 型組合，稱為 T 型優勢能力組合，見圖 7-3-1 的左圖。

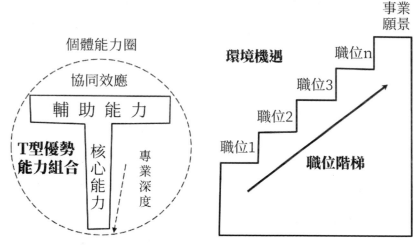

圖 7-3-1 T 型優勢能力組合（左圖）及 SPO 職位躍遷力模型（右圖）示意圖

　　艾力克斯的核心能力是徒手攀岩並以此謀生和實現自我價值。艾力
克斯的輔助能力有哪些呢？艾力克斯在大學主修工程，他習慣以工程思
維進行攀岩訓練和實操管理。在他的房車內，藏有數百頁訓練日誌和線
路記錄。經過兩次有繩攀登酋長峰「彩排」後，艾力克斯必須牢記絕大
部分路段上每一步的操作方法，細化到手指抓住那個位置，相應地腳趾
踩在什麼地方。面對成千上萬個步驟或細節，如果有一個搞錯了，整個
徒手攀岩就可能「無解」了 —— 人體懸掛在幾百米高的垂直峭壁上，
束手無策，只能……在空閒時間，艾力克斯會讀很多文學和哲學書籍。

因此，他對人生意義、生命價值、武士精神、自我超越、死亡機率等很多問題有獨特的理解，這些有助於建構艾力克斯的徒手攀登信仰和職業使命。

我們上大學選科系，目的應該是為了建構自己的核心能力；學校貫徹博雅教育及知識型付費平臺提供的通識教育，目的應該是為了建構我們的輔助能力。

在 T 型優勢能力組閣中，核心能力就像一個鑽桿，越深入越好；輔助能力就像為鑽桿提供放大動力的旋臂，要有適當的寬度和長度。兩者組合而成的「人生鑽機」逐步形成核心競爭力，讓我們個體商業模式實現營利累積，最終達成事業願景。因此，打造自己的核心競爭力，我們首先要有一個 T 型優勢能力組合。

有了核心能力和輔助能力，如何形成核心競爭力？一種核心能力疊加多個輔助能力，可以借鑑查理·蒙格提出的魯拉帕路薩效應（Lollapalooza Effect），主輔能力同向疊加，共同作用於同一個方向，產生了極強的放大與協同效應。核心競爭力也是一種系統效能力。按照系統科學的解釋，在一定的外部環境影響下，一個人的核心能力與多種輔助能力不斷互動作用，發生非線性反應，產生整體大於各部分之和的協同效應，逐漸地核心競爭力就形成和湧現了！

除此之外，本書第 4 章重點講了企業核心競爭力，其中的大部分內容尤其是 SPO 核心競爭力模型，對於個體職位躍遷同樣適用。研讀一下第 4 章並「借假修真」，轉換成個體身分，將會有更多收穫。個體與企業還是有些差異，表達方式上也應該有所區分。所以，我們將個體的核心競爭力模型叫作 SPO 職位躍遷力模型，它由 T 型優勢能力組合（簡稱「優勢能力／ Strengths」）、職位階梯（Positions）、環境機遇（Opportunities）三個基本要素組成，其中 SPO 取自三個組成要素的英文首字母，見圖 7-3-1 的右圖。

優勢能力、職位階梯、環境機遇三者共同發揮系統性作用產生職位躍遷力，其具體的反應過程和增強原理如下：職位沿著階梯躍遷需要評估外部的環境機遇及內部的優勢能力。當三者能夠統一起來，個體職位就獲得了沿著職位階梯前進一次的機會。如果個體職位成功躍遷了一次，職位躍遷力就累積了一次。如果職位沿著階梯躍遷所獲得的成功次數遠大於失敗次數，那麼我們就說該個體具有了職位躍遷力。也就是說，職位躍遷力是職位晉升實踐中形成的，依靠職位躍遷的成功次數和成功率來衡量的，有一個較長期的累積過程。詳細的原理和解釋請參見第 4 章的內容。

在 SPO 職位躍遷力模型中，優勢能力、職位階梯、環境機遇三者缺一不可，並且它們必須相互匹配、有效連線，形成「三點一線」，才能湧現出系統結構下的協同效應，才能最大效能地構造職位躍遷力。

另外，圖 7-3-1 左圖所示意的 T 型優勢能力組合也代表了我們個體的能力圈。巴菲特說：「對於你的能力圈來說，最重要的不是能力圈的範圍大小，而是你如何能夠確定能力圈的邊界所在。如果你知道了能力圈的邊界所在，你將比那些能力圈雖然比你大 5 倍卻不知道邊界所在的人要富有得多。」

本節開頭說到，職位躍遷分為世俗的和靈性的兩種通道。T 型優勢能力組合理論、SPO 職位躍遷力模型是為選擇靈性通道進行職位躍遷的個體提供的一套方法論。當然，現實中的職位躍遷要複雜得多，較多情況下會涉及 T 型優勢能力組合的調整，輔助能力可能變為核心能力，核心能力也可能轉變為輔助能力等。這方面的問題，下一節將給出一些簡要討論。

# 7.4

## 藍海職業轉型：先四步動作框架，再精深練習

**重點提示**

※ 從櫃檯接待逐步躍遷到副總裁，童文紅的經歷給我們什麼啟示？
※ 從心理學轉型到電腦，王堅院士的 T 型優勢能力組合有什麼改變？
※ 對照四步動作框架等工具，為自己寫一份職業轉型計劃或分析報告。

小野二郎是日本國寶級職人，紀錄片《壽司之神》的主角。因為這部電影和日本壽司第一人的美譽，他被全世界所認識。小野二郎出生於 1925 年，一生超過 60 年時間都在做壽司。一次他接受採訪時說：「今年我 93 歲了，我想用這雙手捏壽司到 100 歲。」為了保護創造壽司的雙手，他不工作時永遠戴著手套，連睡覺也不懈怠。

小野二郎的壽司店位居東京銀座辦公大樓地下室，外觀樸素無比，木柵欄後面有 10 個座位，第一眼看上去還有可能感覺過於簡單了一些。在這家小小壽司店吃飯要提前 1 個月預約，用餐標準 3 萬日元起，顧客不能點餐，完全按當天的安排。一頓飯 30 分鐘內吃完，顧客要馬上走，因為後面還有預約。但是吃過的人還是會感嘆，這是「值得一生等待的壽司」。

像小野二郎這樣的優秀職人，在日本有幾十萬個，他們是創造日本產業奇蹟的脊梁。日本職人一生只做一件事，對照上節講到的 SPO 職位躍遷力模型，他們聚焦於本職做「精深練習」，T 型優勢能力組合向深度

探索，不斷提升核心能力。他們的職位躍遷，就像彈鋼琴的等級考試或下圍棋的提升段位，永無止境。

2000 年時阿里巴巴還在創業期，由於生孩子幾年沒有工作的童文紅，透過應徵成為阿里巴巴的櫃檯接待。雖然櫃檯接待工作看起來很簡單，但是再就業不易，童文紅還是相當珍惜這份工作。為了能盡快熟悉這份工作並作出特色，她常在閒暇時刻總結工作心得，不斷提高工作品質。有同事要出差，她會提前準備好交通資訊；來訪客戶有疑問，她會努力幫助解答；哪個部門缺人手有困難，她都是盡心盡力去幫助和解決。有句話說：你足夠好，才能得到上天的垂青。20 年來，童文紅從行政櫃檯起步，一步一步做到資深副總裁。

對照前文的圖 7-3-1，優勢能力、職位階梯、環境機遇三者共同發揮系統性作用產生職位躍遷力，童文紅的職業發展歷程非常符合這個 SPO 職位躍遷力模型。阿里巴巴從一個創業公司成長為一個新興產業集團，對於職業者來說，這個過程中蘊藏著巨大的環境機遇紅利。上帝只會垂青那些有準備的人！童文紅不斷調整和累積自己的優勢能力，滿足並不斷超越環境機遇的要求，所以能夠沿著職位階梯不斷躍遷。從外部看，童文紅的職業發展似乎跑出了「火箭般」的速度；而從內部看，實際上是非常順理成章的。

就像很多人上大學選專業時，有點盲目或身不由己，王堅大學階段誤打誤撞選了心理系。他 28 歲成為心理學博士，30 歲成為心理學教授，31 歲成為博士班導師，32 歲成為心理學系主任。他用了 4 年，完成了別人要 10 年以上才能走完的路。即便有點無可奈何，王堅在心理學這條路上一走就是 20 年。

筆者最早就讀的是光電相關的科系。如果一生只做這一行，也許可

以成為一位有潛力的光電專家，但是畢業後，有時代影響的原因，也是為了照顧年齡較人的父母，回到老家城市的舞臺燈具研究所從事產品開發工作。在工作期間，筆者發現自己對企業管理比較有興趣，就自學管理學並積極參加一些管理實踐和培訓。再後來，創業做景觀照明公司時，技術與管理結合在一起，形成 T 型優勢能力組合，經商辦企業就容易一些。

現實中的職位轉換、轉型要複雜得多，涉及各式各樣的 T 型優勢能力組合的調整，輔助能力可能轉變為核心能力，核心能力也可轉變為輔助能力等。但凡個體成就一番事業，必定是核心能力為主，堅持進階到出類拔萃；而輔助能力對核心能力提供有力支持，但不能喧賓奪主。包括筆者在內的大多數人需要盡快提升自己的核心能力；也有一些人可能需要像王堅那樣，輔助能力與核心能力顛倒一下。

參照 SPO 職位躍遷力模型，我們沿著職位階梯向前躍遷時，T 型優勢能力組合應該匹配新的職位。新的職位必然有新的優勢能力要求，所以個體職業生涯中優勢能力是不斷調整變化的。

按照通行的標準，18 歲之後就是成年人了。現在，我們接受大學及以上階段教育的時間越來越長。如果將讀大學、攻讀碩士、博士學位也看成一種職業的話，那麼從學習者轉變為工作者，就是一次較大的職業轉型。

《科學》（Science）雜誌預計，到 2045 年，全球 50％的工作職位將被人工智慧取代，而在製造業為主的國家中，這個數據更高。也就是說，30 年之內，每 4 個工作職位中至少有 3 個會被人工智慧取代。

本書第 5 章主要討論企業轉型，重點闡述了企業如何開闢第二曲線業務。個體就是一個人經營的公司，所以職業轉型也可以看成是找到第二曲線職業即新商業模式，替代原來的第一曲線職業即舊商業模式。個體再造一個新商業模式，跨過職業生涯的非連續性創新，以第二曲線替

代原有的第一曲線，就是以新的商業模式替代原有的商業模式。所以，第 5 章所闡述的「第二曲線原理、雙 T 連線轉型模型及其三項原則、五個步驟」同樣適用於個體的職業轉型，見圖 7-4-1。

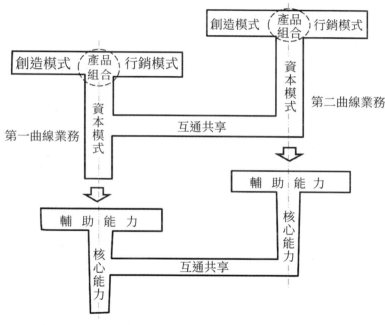

圖 7-4-1 雙 T 連線轉型（上）及相應的 T 型優勢能力組合轉換（下）示意圖

雙 T 連線轉型模型（見圖 7-4-1 之上圖）中有一個原則叫作「第一曲線資本利用最大化原則」。商業模式中的資本是指核心能力與關鍵資源，對於個體職業發展也是如此。對於職業轉型來說，就是個體將原有的能力和資源盡量應用到新的職業職位中去。

一些職業發展或轉型的困境是個體能力與資源的關係沒有處理好。一些人太有資源，每天還在網羅或積聚各種資源，但是提升自己的核心能力不到位，在自己的面前出現了「資源陷阱」── 由於資源太多，應酬太多，更沒有時間提升自己的核心能力，最終資源不能變現卻深受其

累。還有一些人很有能力，但是被周邊環境或自己的格局「綁架」，導致所需要的將能力轉變為職業發展的有效資源嚴重不足。

職業轉型時，如何將能力和資源更加有效地轉換，然後盡快補上自己的新職業「短處」？

藍海策略理論中闡述了一個工具，叫作「四步動作框架」。現在看來，藍海策略中的「策略」二字有點誤導人了，實際上該理論是講如何對產品重新定位，如何對舊時商業模式（原有紅海）進行轉型更新（發現藍海）。既然藍海策略屬於商業模式「一家親」，所以四步動作框架也比較適用於個體的商業模式新舊交替即職業轉型。新舊職業轉型四步動作框架分為四個步驟：剔除、減少、增加、創造，見圖 7-4-2。

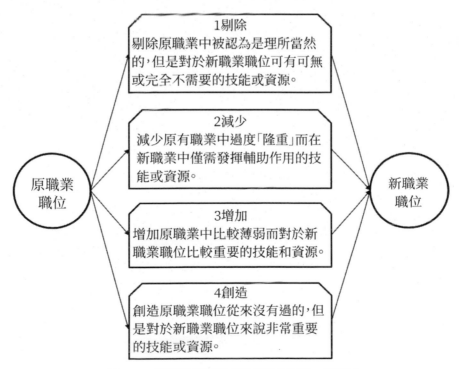

原職業職位

1剔除
剔除原職業中被認為是理所當然的，但是對於新職業職位可有可無或完全不需要的技能或資源。

2減少
減少原有職業中過度「隆重」而在新職業中僅需發揮輔助作用的技能或資源。

3增加
增加原職業中比較薄弱而對於新職業職位比較重要的技能和資源。

4創造
創造原職業職位從來沒有過的，但是對於新職業職位來說非常重要的技能或資源。

新職業職位

圖 7-4-2 新舊職業轉型「四步動作框架」示意圖

第 7 章
成為 T 型人：職業發展與轉型如何應用商業模式？

　　我們舉一個例子，來說明四步動作框架在職業轉型中的應用。劉鋼博士原來在一家大型企業工作，曾任職現代刀具分廠的廠長兼首席專家。2011 年他離職創業，後來隨著企業規模變大，他重點負責分公司的日常管理工作及德國分公司的經營督導工作。對照圖 7-4-2，劉鋼博士這樣闡述他的職業轉型：

　　①剔除。在原本的企業時，作為刀具專家參加產業會議和專業技術評審比較多，每年還要指導幾個碩士研究生完成科學研究專案和論文。創業後，從刀具專家轉向了五軸加工機業務的創業開拓與經營管理，所以原來的那兩項工作內容（產業評審會議及帶研究生）就可有可無了，應該從「日程表」中剔除掉。另外，他還是一位有資質的兼職籃球裁判；與同學朋友聚會時，也喜歡推心置腹暢飲一番。轉型創業後，他必須將全部精力用到工作中去，更需要專心致志並深入思考，所以將這些愛好也就逐漸剔除掉了。

　　②減少。由於原來任職的企業管理有一定的架構，一切可以按部就班運轉，所以他 60% 的時間可以從事現代刀具科學研究工作。參與創業後，更多是籌建經營管理系統和參與五軸加工機系列新產品開發，而現代刀具只是五軸加工機的一個應用子模組，所以職業轉型後，他覺得有必要將刀具科學研究占用的時間減少到 5% 以下。

　　③增加。儘管他原本也是一家製造工廠的管理層級，但是現在主要參與高速發展的創業公司的經營管理，依舊相當有挑戰和難度的，所以，他必須大量增加這方面的實踐和學習。另外，儘管他原來對五軸加工機比較熟悉，但是現在與創業團隊一起合作，共同負責新產品開發和產品策略制定，對標新職業職位的需求，出現了較多薄弱和不足，所以他必須加強這些新業務領域的研究和學習。

④創造。籌備與管理一家有一定複雜度的高科技公司，他認為必定要「不走尋常路」，在營運管理及產品研製管理上應該有較多創造與創新的成分。為此，他與團隊夥伴一起，在創業初期就為企業引進了起源於漢威聯合（Honeywell）的營運系統，後續引進 IBM 公司的 IPD 整合產品開發系統。他深刻認識到，只有這些新技能成為他職業技能中創造性提升的一部分，才能成為企業經營管理的一個有機構成部分。

　　筆者從事投資工作 10 多年，不僅協助所投資企業梳理商業模式、策略規劃，也時常為改善管理團隊和提升創業動力給出一些建議。從經理人轉型為創業者，可以說是一次比較大的職業轉型。職業轉型的背後是個人能力、資源及心智模式的轉換。這些轉換不能流為空談或形式，需要一些像圖 7-4-2 所示的四步動作框架及 T 型優勢能力組合、雙 T 連線轉型等結構化模型或工具協助落地。

　　「T 型人」是筆者提出的一個新概念。有自己獨特而優異的商業模式，積極創造一個幸福美好的職業生涯，就是 T 型人。如何成為 T 型人？仿照企業生命週期，我們的職業生涯可以分為職業選擇、職業成長、職業躍遷、職業轉型四個階段，在本章也給出了職業生涯各階段共七個參照模型與工具，見圖 7-4-3。有了這些模型與工具的協助，再去領會「一萬小時天才理論、精深練習」等勵志類暢銷書所提出的口號，然後積極成為 T 型人或個體獨角獸，也許就會有事半功倍的成效。

　　除了以上 7 章篇幅闡述的商業模式、策略、職業轉型等相關通行理論或模型，這裡還想對大學生創業額外給出一些建議：大學生從學習者成為工作者，就是一次幅度極大的職業轉型，屬於兩個完全不同的商業模式，而跨越式轉型為創業者，這個幅度是「極大中的極大」，兩者之間商業模式的差別就更加巨大了。

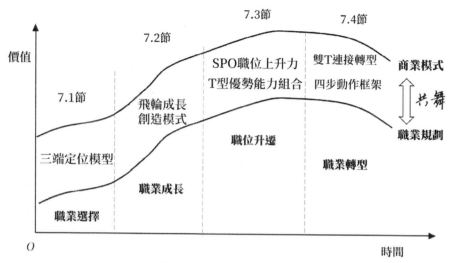

圖 7-4-3 職業生涯各階段的參照模型與工具

隨著時代的演進，各階層的人都是勤勞、聰明而富有智慧的，隨著各產業產業鏈的日漸成熟及擁有專業素養的高階人才日趨豐富，一個有潛力的人才在大學階段就開啟創業人生，希望創造出一個優秀可持續的商業模式，確實越來越難了。用機率的概念來說，過去大學生中有 1% 的人適合創業，但僅有不超過 1% 的成功率；現在僅有 1‰ 的人適合創業，但成功率遠小於 1‰。

即便只有百萬分之一的可能性，有想法有抱負的大學生也可以嘗試創業，因為它是一段加速成長的人生歷練。當歷練一個階段，評估自己創業不成時，就要盡快轉型──腳踏實地把一份職業做好；若干年後，在成為資深專業人才的基礎上，繼續有想法有抱負，還可以再開啟創業人生！

# 後記

　　如果把第一本書《Ｔ型商業模式》比喻為媽媽的話，那麼這本《商業模式與策略共舞》的角色就相當於爸爸。有了爸爸與媽媽，就是一個家庭了。

　　如果再寫一本的話，書名暫且叫作《企業營利系統》，它相當於這個家庭中的長輩，類似於爺爺的角色。

　　私人董事會，簡稱私董會，是一種新興的企業高管學習、交流與社交模式，核心在於彙集跨產業的企業家、專家顧問、總裁教練等群體智慧，解決企業經營管理中比較高階、複雜而又現實的難題。世界知名調查機構鄧白氏（Dun & Bradstreet）的調查顯示：這種服務模式可以有效提升企業的競爭力，擁有私人董事會的企業平均成長速度是其他企業的 2.5 倍。據不完全統計，歐美發達國家有 50 多萬總裁都擁有自己的私人董事會。

　　近幾年來，形形色色的私董會，藉助於媒體的宣傳，企業家圈子的助推，就像三分鐘熱度，流行了一陣子。讓私董會看起來高大上，但是缺乏內容核心，這類似於那個買櫝還珠的故事：

　　春秋時代，楚國一位商人希望將一顆精美的珍珠賣個好價錢，他特地用名貴的木料製作珠寶盒，在盒子的外面精雕細刻了華美的圖案，並用上等香料把盒子燻得香氣撲鼻。一個鄭國人聞香識寶物，看見這個裝寶珠的盒子既精緻又美觀，遂愛不釋手，問明價錢後，就買了下來。令人驚訝的是，他開啟珠寶盒，把裡面的珍珠拿出來，退還給了珠寶商。

　　用這個成語故事來反思，時至今日，私董會急待更新一下。我們倡導批判性思維，關鍵在於能夠給出建設性改進方案。

　　私董會這個主題可以寫成一本書嗎？私董會上應該討論哪些內容？如

果可以寫成一本書，而如何組織、召開私董會，至多是其中的 1 章內容。

私董會上應該重點討論企業營利系統的相關內容。在本書第 6 章，已經簡要介紹了企業營利系統，它包括三個基本要素：經管團隊、商業模式、策略路徑。用更貼近生活的比喻說，企業營利系統如同「人＋車＋路」系統，經管團隊好比是司機、商業模式好比是車輛、策略路徑好比是行車路線。以動態系統的觀點看，經管團隊驅動商業模式，沿著策略路徑發展與進化，實現各階段策略目標，最終達成企業願景。除了以上三個基本要素，根據具體企業需要，企業營利系統還可以疊加管理體系、企業文化、資源平臺、技術水準、創新變革等若干輔助要素。

堅持與時俱進，我們不斷創新！現在流行講第一性原理、頂層設計、思維模型。企業營利系統就是經營企業的第一性原理，也是頂層設計的思維模型。其實，私董會相當於一件奢侈品，一年或幾年才有條件成功舉行一次。貫徹與落地企業營利系統，還需要董事會、策略規劃會、經營分析會、專題研討會等共同發揮協同作用。藉助以私董會為代表的這些貫徹與落地場景，《企業營利系統》將比較詳細、系統地闡述和說明企業營利系統。另外，在這本新書的最後將附加一章，簡要討論職業者的營利系統。

從 2007 年至今，筆者一直從事風險投資工作，無論考察、評判創業專案，還是協助投後企業管理及對一些企業實施扭虧為盈舉措，都經常用到企業營利系統的相關理論指導實踐，也經常主導私董會、策略規劃會、經營分析會等以集合各方專家的合作力量，群策群力，解決企業發展過程中遇到的團隊建設、商業模式及策略規劃問題。可以說，《企業營利系統》來自實踐，能夠理論指導實踐，並在實踐中進一步創新和錘鍊理論。

如何讓企業基業長青、可持續發展？就是產品組合不斷繁衍、進化，形成一個產品組閣家族。同理，筆者也應該將寫作的書籍形成一個產品組閣家族，通稱為「T型商業模式系列」。

　　T型商業模式系列書籍能夠出版，非常感謝不吝持續提供支持的讀者、師長、同事及合作夥伴，特別感謝長期卓有成效地協同工作的高磊、周磊兩位編輯老師！

李慶豐

# 商業模式與策略共舞：

雙 T 連線模型 × 三端定位 × 五力分析 × 核心競爭力，從創立期到
轉型期，讓企業跨越生命週期，實現可持續營利

作　　者：李慶豐

發 行 人：黃振庭

出 版 者：財經錢線文化事業有限公司

發 行 者：財經錢線文化事業有限公司

E-mail：sonbookservice@gmail.com

粉 絲 頁：https://www.facebook.com/sonbookss/

網　　址：https://sonbook.net/

地　　址：台北市中正區重慶南路一段六十一號八樓 815 室

Rm. 815, 8F., No.61, Sec. 1, Chongqing S. Rd., Zhongzheng
Dist., Taipei City 100, Taiwan

電　　話：(02)2370-3310

傳　　真：(02)2388-1990

印　　刷：京峯數位服務有限公司

律師顧問：廣華律師事務所 張珮琦律師

─版權聲明───────

定　　價：299 元

發行日期：2024 年 03 月第一版

◎本書以 POD 印製

## 國家圖書館出版品預行編目資料

商業模式與策略共舞：雙 T 連線模
型 × 三端定位 × 五力分析 × 核
心競爭力，從創立期到轉型期，讓
企業跨越生命週期，實現可持續營
利 / 李慶豐 著 . -- 第一版 . -- 臺北
市：財經錢線文化事業有限公司，
2024.03
面；　公分
POD 版
ISBN 978-957-680-809-8( 平裝 )
1.CST: 商業管理 2.CST: 企業經營
3.CST: 策略規劃
494.1　　113002578

電子書購買

臉書

爽讀 APP